AF319092

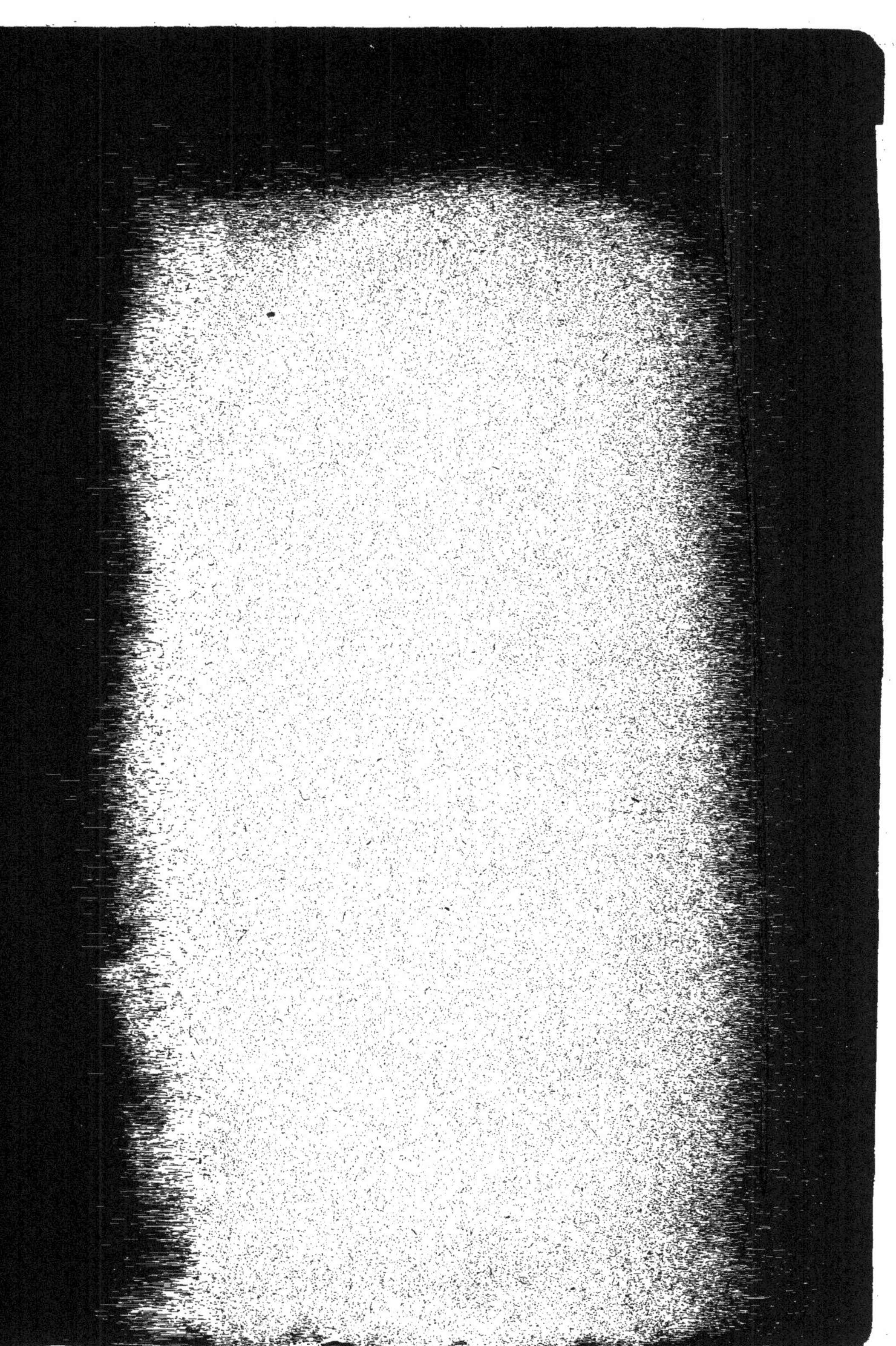

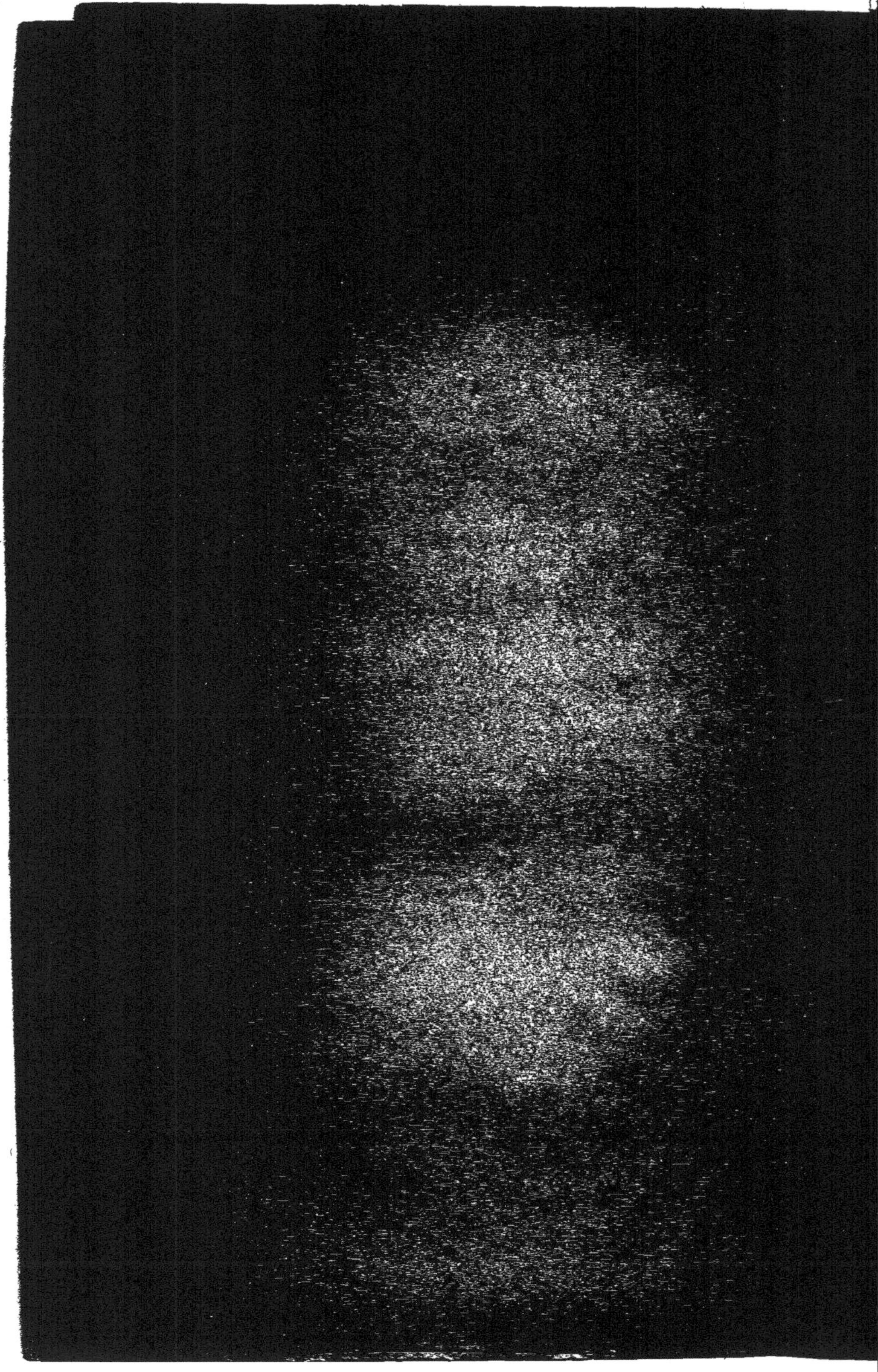

VÉRITABLE CAUSE PHYSIQUE

DE LA

PESANTEUR DES CORPS TERRESTRES

ET DE LA

GRAVITATION UNIVERSELLE DES CORPS CÉLESTES.

VÉRITABLE CAUSE PHYSIQUE

DE LA

PESANTEUR DES CORPS TERRESTRES

ET DE LA

GRAVITATION UNIVERSELLE DES CORPS CÉLESTES

DÉDUITE

DE PHÉNOMÈNES, D'ANALOGIES ET DE PREUVES GÉOMÉTRIQUES INCONTESTABLES

POUR SERVIR

D'INTRODUCTION, DE COMPLÉMENT ET DE RECTIFICATION
A TOUS LES TRAITÉS
D'ASTRONOMIE, DE PHYSIQUE, DE MÉCANIQUE, DES SCIENCES NATURELLES
PUBLIÉS JUSQU'A CE JOUR
ET DE BASE AUX OUVRAGES NOUVEAUX QUI SERONT COMPOSÉS
SUR CES SCIENCES

Avec Figures géométriques

Accompagnées d'explications qui les mettent à la portée de toutes les intelligences

PAR

P. M. THÉODORE CHOUMARA

COMMANDANT DU GÉNIE RETRAITÉ, ANCIEN ÉLÈVE DE L'ÉCOLE POLYTECHNIQUE.

> « En littérature, une belle idée dont s'empare le génie est
> une espèce de larcin fait au génie qui doit le remplacer ; au
> lieu que, dans les sciences, une vérité nouvelle, un beau
> théorème est comme un fanal qui porte au loin la lumière et
> rend praticables des routes où l'on aurait craint de s'engager. »
>
> (DELAMBRE, *Analyse des travaux de l'Institut*,
> année 1808.)

Prix : 3 fr. 75 cent.

A PARIS

CHEZ L'AUTEUR, RUE DAUPHINE, 57

ET DANS LES LIBRAIRIES SCIENTIFIQUES FRANÇAISES ET ÉTRANGÈRES

1855 ET 1856

[illegible]

[illegible]

[illegible]

[illegible]

[illegible]

[illegible]

[illegible]

VÉRITABLE CAUSE PHYSIQUE

DE LA

PESANTEUR DES CORPS TERRESTRES

ET DE LA

GRAVITATION UNIVERSELLE DES CORPS CÉLESTES.

> « Autant qu'un homme assis au rivage des mers
> » Voit, d'un roc élevé, d'espace dans les airs,
> » Autant des immortels les coursiers intrépides
> » En franchissent d'un saut !.....»
> (HOMÈRE , BOILEAU.)

1. A la fin de ses *Principes mathématiques de la philosophie naturelle*, Newton dit :

« J'ai expliqué jusqu'ici les phénomènes célestes et ceux de la mer
» par la force de la gravitation ; mais je n'ai assigné nulle part la
» cause de cette gravitation.

» Cette force vient de quelque cause qui pénètre jusqu'au centre
» du soleil et des planètes, sans rien perdre de son activité. Elle
» n'agit point selon la grandeur des superficies, comme les causes
» mécaniques, mais selon la quantité de matière, et son action s'étend
» de toutes parts à des distances immenses en décroissant toujours
» dans la raison doublée des distances.

» Je n'ai pu encore parvenir à déduire des phénomènes la raison
» de ces propriétés de la gravité, et je n'imagine point d'hypothèses ;
» car tout ce qui ne se déduit point des phénomènes est une hypo-

» thèse, et les hypothèses, soit métaphysiques, soit physiques, soit
» mécaniques, soit celles des qualités occultes, ne doivent être reçues
» dans la philosophie expérimentale.

(Traduction par madame Duchâtelet, t. II, p. 173.)

2. Dans la citation qui précède, Newton a dit une vérité importante et commis une erreur excessivement grave.

Il est vrai que la force de la gravitation agit en raison inverse du carré des distances.

Il est faux de dire que la gravitation ne dépend pas de la grandeur des superficies; car je vais démontrer, par les principes les plus évidents et les plus élémentaires de la géométrie, de la physique, de la mécanique et de l'astronomie, que c'est précisément parce que la force de la gravitation dépend de la grandeur des surfaces des corps célestes et du globe terrestre, qu'elle agit en raison inverse du carré des distances.

3. Newton ajoute : « Dans cette philosophie (expéri-
» mentale) on tire les propositions des phénomènes, et
» on les rend ensuite générales par induction. »

C'est la marche que je vais suivre; je vais procéder à la recherche de la cause de la pesanteur des corps à la surface de la terre, puis lorsque j'aurai fait connaître cette cause, je ferai voir quelle est aussi celle de la gravitation universelle des corps célestes les uns vers les autres et vers la terre.

4. J'ai donc entrepris la solution du plus grand, du plus important problème de l'astronomie, de la physique, de la mécanique et des sciences naturelles; problème contre lequel s'est brisé le génie des philosophes anciens

et modernes, que notre immortel Descartes a manqué,
que Newton, malgré ses quatre-vingt-trois ans d'exis—
tence, a vainement cherché à résoudre pendant sa longue
carrière scientifique, à l'égard duquel il a été forcé de
confesser son impuissance, partagée jusqu'à ce jour par
les savants les plus célèbres de toutes les nations.

5. Eh bien! après avoir examiné cette question avec
l'attention qu'elle mérite, je ne puis assez m'étonner
qu'elle n'ait pas été résolue depuis un grand nombre de
siècles; car il ne faut ni des connaissances bien profondes
en analyse mathématique, ni des recherches bien difficiles pour arriver à une solution simple, complète, évidente, de ce fameux problème, qui est la véritable clef
du système du monde, ainsi qu'on va le voir.

CHAPITRE PREMIER.

CAUSE PHYSIQUE DE LA PESANTEUR DES CORPS A LA SURFACE
DE LA TERRE.

6. Il est incontestable qu'il existe un globe, à peu près sphérique, sur lequel nous sommes maintenus par l'action d'une force ou puissance à laquelle on a donné le nom de *pesanteur*.

7. Pour trouver la cause de ce phénomène, commun à tous les corps terrestres, remarquons que notre globe est enveloppé de toutes parts par un fluide rare, transparent, élastique et compressible. Ce fluide est l'atmosphère dans laquelle nous sommes plongés et sans laquelle nous ne pourrions exister.

8. Par suite de son élasticité et de sa tendance à l'équilibre, lorsque ce fluide est chassé de quelque lieu, il fait effort pour y rentrer, et lorsque l'obstacle qui s'oppose à sa rentrée disparaît, il se précipite avec une grande vitesse dans le lieu qui en était privé. Ce phénomène se présente chaque jour à nos regards, soit dans les corps de pompe, soit dans le tir des armes à feu, dans les soufflets, etc.

Tel est le phénomène simple et incontestable qui va me conduire directement à la solution si vainement cherchée par Newton.

9. Représentons-nous le globe terrestre, enveloppé par son atmosphère, en repos dans l'espace, alors le lieu

occupé par le globe sera privé d'air. Si, par une cause
quelconque, ce globe entre en mouvement et change de
place, il laissera derrière lui un espace vide vers lequel le
fluide environnant se précipitera avec une extrême rapidité, et ce fluide lui-même sera remplacé par le fluide
des couches supérieures. Il se formera donc un courant
atmosphérique qui frappera ou pressera (par la loi de
continuité) la partie d'arrière du globe, avec une force
proportionnelle à la différence de vitesse du centre du
globe et celle avec laquelle le fluide se précipite vers le
vide. (*Voyez* la fig. 1 et son explication.)

10. D'un autre côté, la partie antérieure du globe
refoulera le fluide qui le précède et prendra sa place ;
le fluide réagira contre cette partie antérieure, et la pressera comme ferait un courant atmosphérique dirigé en
sens contraire du mouvement, et capable de faire rétrograder le globe jusqu'au lieu d'où il était parti.

11. On voit, d'après cela, que tout mouvement de
translation de la terre donne lieu à une compression du
globe dans tous les sens par le fluide atmosphérique ;
que la pression à l'avant est proportionnelle à la vitesse
du centre du globe et produite par la résistance du
fluide ; que la pression ou impulsion à l'arrière est proportionnelle à la différence de la vitesse du fluide se pré-
cipitant vers le vide et du centre du globe. La terre se
trouve donc, par son mouvement de translation, placée
entre deux ressorts qui se tendent ou se détendent en
sens contraire, selon que les vitesses du centre augmentent ou diminuent. Ces ressorts forment un véritable
régulateur qui empêche le globe d'aller trop vite ou trop
lentement.

12. C'est parce que Newton n'a pas saisi cette double action des courants ou pressions atmosphériques qu'il a fait le vide dans les cieux pour se débarrasser d'une résistance qui le gênait; il n'a pas vu que cette résistance était vaincue ou compensée par la pression d'arrière, qui devient la plus forte quand le mouvement se ralentit. C'est donc en commettant une double erreur que Newton est arrivé à une vérité. Il a supprimé une résistance qui existe réellement, mais il a supprimé en même temps une force réelle qui lui fait équilibre. Les deux erreurs étant en sens contraire, il y a eu compensation à peu près.

13. Nous sommes donc naturellement conduit à cette première conclusion :

La pesanteur des corps à la surface de la terre est due au mouvement de translation du globe terrestre.

CHAPITRE II.

GÉNÉRALISATION DE CETTE CONCLUSION ET GRAVITATION
UNIVERSELLE DES CORPS CÉLESTES.

14. Le raisonnement que nous avons appliqué au globe terrestre et à son atmosphère est général, et s'applique à tout corps enveloppé d'une atmosphère fluide et élastique. Or tous les corps célestes, depuis le soleil jusqu'aux plus petites planètes, sont, de l'aveu de tous les astronomes, des corps à peu près sphériques enveloppés par une atmosphère fluide et élastique ; par conséquent, le mouvement de translation de ces corps donne naissance à la pesanteur des corps placés à leur surface (1).

---

(1) Voici ce que dit M. Laplace à ce sujet :

« Un fluide rare, transparent, compressible et élastique qui envi
» ronne un corps, en s'appuyant sur lui, est ce qu'on nomme son
» *atmosphère*. Nous concevons autour de chaque corps céleste une
» pareille atmosphère, dont l'existence vraisemblable pour tous est,
» relativement au soleil et à Jupiter, indiquée par les observations. »
(*Exposition du système du monde*, 5ᵉ édit., 1824, chap. X, p. 269.)

M. Biot, traitant des taches que l'on aperçoit à certaines époques irrégulières à la surface du soleil, dit :

« Ces phénomènes ont conduit M. Herschell à penser que le corps
» du soleil est un noyau solide et obscur environné d'une immense
» atmosphère, presque toujours remplie de nuages lumineux. Selon
» lui, ces nuages flottants au hasard s'entr'ouvrent quelquefois et nous
» découvrent le noyau obscur. » (*Astronomie*, 2ᵉ édit., 1811, t. II,
p. 241.)

Le *Dictionnaire de physique de l'Encyclopédie*, rédigé par MM. Monge, Cassini, Bertholon, etc., a consacré, au mot ATMOSPHÈRE, un long article dont le début est ainsi conçu :

« ATMOSPHÈRE. Ce mot est consacré pour désigner cette masse de

15. Il est clair que plus les vides produits par le mouvement de la terre et des corps célestes seront grands, plus l'action de la pesanteur sera forte. Or ces vides dépendent de la grandeur des corps et de leur vitesse. Pour chaque corps, ils sont égaux au produit de la surface du grand cercle multipliée par l'espace parcouru par le centre dans l'unité de temps; d'où il suit que, quand les vitesses sont égales, les pesanteurs sont entre elles comme les surfaces des grands cercles.

16. Cela posé, voyons quelle sera l'action de la pesanteur sur les molécules de l'atmosphère ou des corps qui sont situés dans cette atmosphère. (*Voyez* la figure 2 et son explication.)

Chaque molécule de l'atmosphère peut être considérée comme le sommet d'un cône, dont la base est le grand cercle du globe perpendiculaire à la direction du mouvement du centre, et toutes les lignes menées du sommet à tous les points de la surface du grand cercle représenteront en direction, pour un instant infiniment petit, les composantes de la pesanteur.

17. Pour les points situés sur la ligne partant du centre et perpendiculaire au grand cercle, il est évident que la

---

» fluide plus ou moins subtile, plus ou moins élastique, qui enveloppe
» de tous côtés le soleil, la lune, la terre, ou plutôt les astres, les
» planètes et même un grand nombre de corps terrestres. »

L'auteur de l'article traite séparément, et avec détail, des atmosphères terrestre, lunaire, planétaires et de celle du soleil.

Ces citations, que nous pourrions multiplier à l'infini, suffisent pour démontrer qu'il y a parmi les astronomes et les physiciens unanimité pour l'admission des atmosphères des corps célestes.

résultante de toutes les forces se confondra avec l'axe et passera par le centre, puisque toutes les composantes sont placées symétriquement deux à deux, ou sur des circonférences de cercles concentriques par rapport à cet axe. Tous ces points seront donc attirés vers le centre du globe.

18. Pour les points pris en dehors de cet axe, il n'est pas aussi facile de déterminer la direction de cette résultante, parce que la surface conique d'attraction est oblique ; mais on doit remarquer qu'il y a toujours un second point placé symétriquement, et que la résultante générale des deux molécules symétriquement placées passera aussi par l'axe du cône droit. Si chaque résultante partielle n'y passait pas, on pourrait la décomposer en deux, dont l'une passerait par le centre, et l'autre aurait une direction telle qu'elle serait directement opposée à la composante correspondante du second point symétriquement placé. Comme dans les fluides élastiques, les pressions se transmettent dans tous les sens, il ne resterait pour chaque molécule que la partie de la résultante partielle dirigée vers le centre, puisque les composantes qui tendent à écarter chaque molécule du centre se trouvent neutralisées par des forces égales agissant en sens contraire.

Nous sommes donc conduit à cette seconde conclusion :

19. *Toutes les molécules de l'atmosphère d'un globe en mouvement sont attirées vers le centre de ce globe par des forces proportionnelles au produit de la surface du grand cercle multipliée par la vitesse du centre.*

20. Maintenant si nous remarquons que les surfaces des cercles sont proportionnelles aux carrés de leurs

rayons ou de leurs diamètres, que ces diamètres apparents diminuent proportionnellement à l'augmentation des distances, nous en conclurons que, pour des distances doubles, triples, quadruples, etc., les diamètres du cercle d'attraction seront seulement la moitié, le tiers, le quart, etc., du diamètre correspondant à la première distance ; les surfaces des cercles seront donc seulement le quart, le neuvième, le seizième, etc.

21. Par conséquent, l'attraction produite par le mouvement d'un globe entouré d'une atmosphère sur tous les points de cette atmosphère, et par suite sur les corps qui s'y trouvent placés, *agira en raison inverse du carré des distances;* en sorte que de deux molécules, celle qui sera à une distance double du centre du globe sera quatre fois moins attirée que l'autre, etc.

22. Il résulte de là que si toutes les atmosphères des corps célestes et de la terre se touchaient ou étaient mises en communication les unes avec les autres par un fluide plus ou moins dense, élastique et compressible, l'influence du mouvement de chaque astre se ferait sentir dans toute l'étendue des cieux, en décroissant comme les carrés des distances augmenteraient. Chaque corps attirerait tous les autres vers son centre, et serait aussi attiré vers le centre de chacun d'eux d'après la même loi.

23. Or l'existence de ce fluide rare, transparent, compressible, élastique, répandu dans toute l'étendue des cieux, est non-seulement probable, mais nécessaire, indispensable, et démontrée par le phénomène sur lequel je me suis appuyé. En effet, puisque le vide laissé par la terre en passant d'un lieu à un autre donne nécessairement lieu à la formation des courants atmosphériques

générateurs de l'attraction de son centre et à la condensation du fluide à mesure qu'il se rapproche du centre, il est évident que si, à une certaine hauteur, il existait un autre vide beaucoup plus grand que celui formé à chaque instant par le mouvement du globe terrestre, l'air atmosphérique se précipiterait vers ce vide jusqu'à ce qu'il fût en équilibre ; qu'ainsi cet air se disperserait dans les espaces célestes au lieu de se condenser à la surface de la terre ; par conséquent, nous serions privés d'atmosphère, ainsi que tous les corps célestes.

24. Notre découverte de la cause de l'*attraction des centres de mouvement prouve donc invinciblement l'existence du fluide éthéré*, qui, du reste, contrairement à l'opinion de Newton, est aujourd'hui admise et reconnue généralement par les physiciens et les astronomes de toutes les nations (1).

---

(1) L'*Annuaire du Bureau des longitudes*, les *Comptes rendus des séances de l'Académie des sciences*, ne laissent aucun doute sur l'opinion des astronomes et des physiciens modernes à l'égard de l'existence de l'éther. En voici des preuves irrécusables :

Reconnaissance de l'éther par M. Arago.

En 1832, M. Arago a inséré dans l'*Annuaire du Bureau des longitudes* une notice scientifique sur les comètes. Il a consacré un titre spécial à l'effet de la résistance de l'éther sur la marche des comètes ; il débute ainsi :

« Jusqu'ici les mouvements propres des planètes s'étaient minu-
» tieusement accordés avec des tables astronomiques qui sont fondées
» sur la supposition que ces mouvements s'opèrent dans des espaces
» complétement vides. La marche de la comète à courte période vient
» démontrer qu'un nouvel élément devra désormais être pris en
» considération. Je veux parler de la résistance qu'une substance
» gazeuse très rare qui remplit les espaces célestes, et qu'on est con-

25. Sans recourir aux lois problématiques et compliquées de Képler, sans nous jeter dans les obscures considérations et les interminables calculs que Newton lui-même ne comprenait plus à la fin de sa carrière, nous voilà donc arrivé à la solution simple, complète, évidente de ce fameux problème si vainement cherché jusqu'à ce jour. Pour obtenir cet immense résultat, il nous a suffi

---

» venu d'appeler l'*éther*, opposé au déplacement de tous les corps » qui la traversent. »

Reconnaissance de l'éther par MM. Poisson et Arago.

M. Leehman ayant calculé une éphéméride de la comète dite de *Halley*, pour 1835, M. Arago annonça à l'Académie des sciences, dans la séance du 7 septembre 1835, que les observations de la comète, pendant les quinze premiers jours, avaient fait reconnaître l'inexactitude de cette éphéméride.

M. Poisson, dans sa réponse à M. Arago, se réserva de revenir, par la suite, sur l'influence de la résistance de l'éther dans le mouvement de cette comète. (*Comptes rendus des séances*, 7 septembre 1835, p. 96-97.)

Dans la séance du 9 novembre 1835, une nouvelle discussion s'engagea sur la même comète, entre MM. Poisson et Arago; ce dernier, répondant à M. Poisson, termina ainsi son discours :

« On peut s'attendre, en thèse générale, soit à raison de la résis- » tance de l'éther, soit par des causes encore inconnues, à des irré- » gularités sensibles dans le mouvement de telle ou telle autre » comète. »

MM. Poisson, Arago, ainsi que toute l'Académie des sciences, devant laquelle cette discussion a eu lieu, reconnaissent donc l'existence de l'éther, puisqu'il ne s'est pas élevé une voix pour protester contre son action sur le mouvement des comètes.

Les atmosphères des corps célestes et l'existence de l'éther étant admises par les savants de toutes les nations, il n'y a pas d'objection possible contre la cause que nous avons indiquée de la pesanteur à la surface des corps célestes, qui sont tous des centres de mouvement.

de savoir que quand on fait le vide dans un corps de pompe, et qu'ensuite on enlève le piston, l'air rentre avec impétuosité par l'ouverture devenue libre. Assurément il ne fallait pour cela ni un grand génie ni beaucoup de science, il a suffi d'avoir l'intelligence nécessaire pour saisir une analogie qui saute aux yeux; mais il fallait des considérations un peu plus délicates pour arriver à en déduire la loi que nous avons trouvée.

26. Cette loi diffère de celle trouvée par Newton en ce que nous avons substitué aux masses, qui sont inconnues, le produit de la surface du grand cercle multipliée par la vitesse, qui peuvent être observées, calculées analytiquement ou mesurées géométriquement.

27. Cette différence est plus apparente que réelle, car les vitesses dépendent beaucoup des masses, en sorte que par la connaissance des vitesses nous arriverons facilement à celle des masses; en évitant les graves erreurs dans lesquelles Newton est tombé à cet égard et a entraîné ceux qui ont suivi ses traces. Ces erreurs ne sont pas douteuses; en voici la preuve irrécusable.

28. D'après Newton, la masse de la lune est à la masse de la terre comme 1 est à 39,788. (*Principes mathématiques*, livre III, proposition xxxvii, problème xviii, corollaire 4.)

D'après Laplace, la masse de la lune est à celle de la terre comme 1 est à 69,2, que l'on peut réduire à 68,5. (*Mécanique céleste*, tome III, pages 159 et 160.)

D'après la table des planètes du tome II du *Diction-*

naire de mathématiques, de l'*Encyclopédie*, la masse de la lune est à celle de la terre comme 1 est à 100,51.

Il y a donc nécessairement de graves erreurs sur deux au moins de ces trois déterminations de la masse de la lune comparée à celle de la terre prise pour unité.

Que penser d'une méthode qui conduit les plus savants géomètres à de semblables contradictions, à de semblables énormités ?

29. Nous croyons prudent, pour le moment, de nous abstenir de prononcer entre les résultats obtenus par MM. Newton, Laplace et Lalande, et de considérer la question de la détermination des masses des corps célestes comme seulement ébauchée et devant être reprise en partant de considérations moins problématiques, faciles à trouver, maintenant que nous connaissons la cause de la pesanteur et de la gravitation.

CHAPITRE III.

PREMIER COUP D'OEIL SUR LES IMMENSES PROGRÈS QUE LES DEUX CHAPITRES PRÉCÉDENTS FERONT FAIRE AUX SCIENCES PHYSICO-MATHÉMATIQUES ET AUX SCIENCES NATURELLES.

30. Au premier coup d'œil, l'explication de la cause de la gravitation universelle, telle qu'elle est exposée dans les deux chapitres précédents, paraît être uniquement du ressort de l'astronomie; mais il est possible d'étendre la conclusion à laquelle j'ai été conduit, de manière à la rendre plus féconde, applicable à toutes les sciences physico-mathématiques et aux sciences naturelles.

On peut en effet traduire cette conclusion dans les termes suivants :

31. Tous les phénomènes naturels sont la conséquence nécessaire de la succession continue du plein et du vide résultant du mouvement de translation du globe terrestre et des corps célestes.

32. *Tout se forme des pressions et frottements auxquels cette translation donne forcément lieu, autour de ces centres de mouvement, si admirablement distribués par l'immortel organisateur de l'univers.*

33. Chaque pas que nous ferons dans la recherche des causes des phénomènes naturels, inexpliqués ou mal expliqués jusqu'à ce jour, nous convaincra de la justesse et de la portée de cette interprétation du système du monde.

34. Elle nous fournira une explication simple et satis-

faisante de la production de la lumière, de la chaleur, de l'électricité; la physique sera à jamais débarrassée de l'hypothèse absurde qui transforme le soleil en fournaise ardente lançant de tous côtés des rayons lumineux et calorifiques dans des cieux vides, sans que rien puisse l'alimenter pour réparer ses pertes.

35. L'électricité se trouvera débarrassée des deux prétendus fluides *vitré* et *résineux; positif* et *négatif,* inventés pour expliquer imparfaitement des phénomènes mal analysés.

36. Les influences de la lune sur la direction des vents, sur le temps, sur les mouvements de notre atmosphère, sur notre organisation, ne seront plus problématiques et devront être prises en grande considération par les météorologistes, par les marins, par les agriculteurs et par les médecins intelligents.

Si M. Arago eût connu la cause de la gravitation, il n'eût certainement pas écrit sa *Notice sur les influences de la lune,* ou il l'eût traitée tout différemment.

37. Les physiciens et les géologues auront à examiner si les centres de mouvement accidentels ne donnent pas une explication satisfaisante de la formation des aérolithes, des autres météores, tels que la pluie, la grêle, la neige, etc., et même de la formation du globe terrestre et des corps célestes. Ils décideront si les pressions continues des atmosphères sur les globes respectifs qu'elles accompagnent ne sont pas suffisantes pour transformer, avec le temps, les fluides élastiques en liquides, les liquides en solides, et ajouter ainsi, couches sur couches, à ces globes qui, comme les animaux, auraient eu leur enfance et leurs accroissements successifs; ce qui expli-

querait parfaitement l'enterrement des forêts, des coquil-
lages, etc.

38. Pour examiner convenablement toutes ces questions, il faudrait en quelque sorte un homme universel,
ce que je n'ai point la prétention d'être ; il faudrait faire
un traité sur chaque science, ce qui serait trop long pour
être conduit à bonne fin par un seul homme. Je me bor-
nerai donc à traiter quelques-unes des questions les plus
importantes, en commençant par l'astronomie, et je lais-
serai aux savants spéciaux le soin de compléter ce que
je n'aurai pu faire pour chaque science.

CHAPITRE IV.

APPLICATION DES CHAPITRES PRÉCÉDENTS A L'EXPLICATION DES PRINCIPAUX PHÉNOMÈNES ASTRONOMIQUES ET A LA SIMPLIFICATION DE CETTE SCIENCE.

I.

PRINCIPE FONDAMENTAL DU MOUVEMENT HÉLICOÏDE APPARENT
DES CORPS CÉLESTES.

39. Si l'on observe le soleil à son passage au méridien le 22 décembre, près le solstice d'hiver, on trouve que sa déclinaison australe approche beaucoup de 23° 1/2.

Si on l'observe à son passage au méridien le 21 ou 22 juin, près le solstice d'été, on trouve que sa déclinaison boréale approche également beaucoup de 23°1/2.

Dans l'espace de six mois (182 à 183 jours) le soleil a donc paru parcourir en déclinaison, en allant du midi au nord, environ 47 degrés.

S'il les eût parcourus d'un mouvement uniforme, l'espace angulaire compris entre deux midis (vrais) consécutifs serait à peu près égal à 47 degrés, ou 2820 minutes de degré, divisés par 182 ou 183, soit 15' 29 à 30".

40. Mais le soleil ne passe pas d'une déclinaison méridienne à la suivante en restant constamment dans le méridien; il y passe en paraissant décrire sa courbe diurne. Cette courbe n'est donc pas un cercle parallèle à l'équateur; c'est une hélice dont le pas angulaire moyen serait, à peu près, de quinze minutes et demie de degré.

41. Le mouvement apparent du soleil en déclinaison est loin d'être uniforme; en suivant ce mouvement sur

la *Connaissance des temps*, on trouve qu'il a été, en 1838 et 1839 ; par exemple, ainsi qu'il suit :

Du 22 au 23 décembre 1838, de. . . .	0′ 21″,5
Du 30 au 31 décembre, de.	4′ 6″,5
Du 15 au 16 février 1839, de.	20′ 38″,8
Du 19 au 20 mars, de.	23′ 42″,7
Du 1er au 2 mai, de.	18′ 7″,2
Du 20 au 21 juin, de.	0′ 29″,1

42. Des variations à peu près semblables se retrouvent en revenant du tropique d'été au tropique d'hiver. Le pas angulaire de l'hélice diurne qui, du 22 au 23 juin, n'était que de 0′ 20″,5, a été en augmentant jusqu'au 26 septembre, où il était de 23′ 25″,4, après quoi il a été en diminuant jusqu'au 22 décembre, près de son tropique austral ; puis il a recommencé à augmenter d'après la même loi, en revenant vers l'équateur, etc.

43. On retrouve donc, à très peu de chose près, la même marche à toutes les révolutions tropiques du soleil. On se formerait une première idée assez exacte du mouvement de cet astre, en le comparant à un filet de vis décrit autour de l'axe de la terre, dont les circonvolutions seraient très serrées vers les tropiques et s'élargiraient en se rapprochant de l'équateur.

44. Pour compléter l'idée de ce mouvement, il faut pouvoir, à chaque instant, fixer la distance du soleil à la terre ; on obtient ce résultat à l'aide du diamètre apparent et de la parallaxe de l'astre à son passage au méridien. On construit à l'aide d'un certain nombre de points la courbe de jonction des positions méridiennes, on fait tourner cette courbe autour de l'axe de la terre, et l'on obtient ainsi la surface sur laquelle serait tracée l'hélice,

si l'on voulait, en quelque sorte, matérialiser la marche apparente de l'astre dans les espaces célestes.

45. Lorsque le soleil passe du tropique d'hiver au tropique d'été, l'hélice solaire perce l'équateur en un point qui est l'*équinoxe du printemps*.

46. Lorsque le soleil revient du tropique d'été au tropique d'hiver, l'hélice solaire perce l'équateur en un point qui est l'*équinoxe d'automne*.

47. Il résulte de ce qui précède que, *par un seul mouvement hélicoïde apparent du soleil, on explique parfaitement la production des jours et des saisons*. C'est donc la première idée qui aurait dû frapper les observateurs attentifs, qui ont cherché à expliquer les mouvements des corps célestes.

II.

GÉNÉRALISATION DU PRINCIPE FONDAMENTAL DU MOUVEMENT HÉLICOÏDE APPARENT DU SOLEIL. — TROPIQUES LUNAIRES, PLANÉTAIRES ET COMÉTAIRES.

48. Comme le soleil, tous les astres participent au mouvement diurne en même temps qu'ils ont un mouvement en déclinaison qui les porte alternativement au sud et au nord de l'équateur, jusqu'à certaines limites en plus ou en moins, qu'ils ne dépassent jamais.

49. Il s'ensuit que tous les astres paraissent décrire des hélices autour de l'axe de la terre; que les plus grandes déclinaisons (australe et boréale) auxquelles ces astres parviennent, à chaque révolution, sont les tropiques, et qu'en passant d'un tropique à l'autre les hélices lunaires, planétaires et cométaires percent l'équateur en

des points qui sont leurs équinoxes du printemps ou d'automne, selon la position des lieux d'où on les observe.

50. La lune, les planètes et les comètes donnent donc lieu, comme le soleil, à la production de quatre saisons dont la durée dépend de celle de la révolution tropique complète de chaque astre, et qui seraient parfaitement sensibles si elles étaient accompagnées de chaleur appréciable par nos sens.

51. La durée de la révolution tropique moyenne de la lune étant de 27 jours 7 heures 43 minutes 4 secondes, 6 dixièmes, si le mouvement de la lune était uniforme, chaque saison serait d'environ 7 jours et 2 heures ; mais il y a quelques différences dont nous parlerons ailleurs.

52. Nous avons dit que les tropiques solaires arrivaient à très peu près à la même déclinaison, soit australe, soit boréale, à toutes les révolutions. Il n'en est pas de même des tropiques lunaires, planétaires et comélaires. En effet, d'après la *Connaissance des temps*, d'accord en cela avec les observations, on trouve, par exemple, que :

Le 9 mars 1839, à midi moyen, la lune était à 28° 44′ 21″,1 de déclinaison australe ;

Le 21 du même mois, à minuit moyen, la lune était à 28° 43′ 50″,8 de déclinaison boréale ;

Le 5 avril, à minuit moyen, la lune était revenue à 28° 40′ 27″,5 de déclinaison australe.

53. Ce sont les plus grandes déclinaisons de cette révolution tropique pendant laquelle les tropiques ont presque atteint 29 degrés de déclinaison australe et boréale.

54. Si de l'année 1839 on passe à l'année 1848, on trouve que :

Le 28 février 1848, à minuit moyen, la déclinaison australe de la lune était de 18° 11′ 20″,9 ;

Le 12 mars 1848, à minuit moyen, la déclinaison boréale de la lune était de 18° 8′ 34″,6 ;

Le 27 mars 1848, à midi moyen, la lune était revenue à 18° 9′ 39″,9 de déclinaison australe.

Ce sont les plus grandes déclinaisons auxquelles la lune soit arrivée pendant cette révolution tropique ; par conséquent, ces tropiques se sont trouvés très près de 18 degrés de déclinaison, soit australe, soit boréale, ce qui fait une différence de près de 11 degrés dans l'espace d'environ neuf ans.

55. Au mois d'octobre 1843, les déclinaisons des tropiques lunaires approchaient beaucoup de celles des tropiques solaires, c'est-à-dire de 23° 1/2.

56. A partir de leur révolution tropique du 28 février au 27 mars 1848, les déclinaisons des tropiques lunaires qui approchaient de 18 degrés, ont recommencé à augmenter.

Dans la révolution tropique du 25 août au 21 septembre 1852, la déclinaison des tropiques lunaires approchait de nouveau de celle des tropiques solaires.

Le 25 août 1852, près de son tropique austral, la déclinaison de la lune était de 23° 23′ 9″,9 ;

Le 8 septembre, près de son tropique boréal, la déclinaison était de 23° 30′ 43″,4 ;

Le 21 septembre, la lune était revenue à sa plus grande déclinaison australe, à 23° 30′ 3″,7.

57. Ainsi il y a une espèce d'oscillation entre les déclinaisons lunaires qui les ramène à peu près aux mêmes

points, après environ neuf ans, sauf quelques exceptions dont ce n'est pas ici le lieu de parler.

III.

COUP D'ŒIL SUR LE MOUVEMENT HÉLICOÏDE APPARENT DE LA LUNE.

58. De même que pour le soleil, une hélice diurne complète est la courbe décrite par la lune entre deux passages consécutifs au méridien. Si le mouvement de la lune était absolument semblable à celui du soleil, que les deux astres passassent en même temps au méridien, l'hélice diurne lunaire serait comme l'hélice diurne solaire, complète entre deux midis vrais. Mais la révolution diurne de la lune retarde, en moyenne, d'environ trois quarts d'heure sur celle du soleil : il s'ensuit que pour avoir le pas angulaire de l'hélice lunaire, il faut, à la différence de déclinaison entre deux midis solaires, ajouter la déclinaison correspondante au retard. Cela posé, voyons quelle sera la forme de l'hélice lunaire entre deux tropiques.

Le 26 octobre 1843, à midi moyen,
  la lune était à . . . . $23°\,28'\,16'',4$ de déclin. australe.
Le 27 octobre 1843, à midi moyen,
  la lune était à . . . . $22°\,51'\,\ 1'',4$ —
$$\overline{}$$
   La différence est de . . . . . $37'\,15'',0$ de déclin. australe.

La lune a retardé de une heure sur le mouvement diurne moyen du soleil; pendant cette heure, la déclinaison a continué de diminuer d'une quantité que l'on peut représenter par a, pour éviter d'en faire le calcul, en sorte que le pas angulaire de l'hélice diurne lunaire sera de $0°\,37'\,15'' + a$. On voit aisément que a sera une quantité assez petite, par rapport à $37'\,15'',0$, qui n'augmentera le pas angulaire que d'environ 2', ce qui est peu important pour l'objet que nous avons en vue. Nous pouvons donc conclure que dans la révolution tropique que nous examinons, près du tropique austral le pas angulaire de l'hélice diurne lunaire n'a pas dépassé 39 à 40 minutes de degré.

59. Du 2 au 3 novembre, la différence près l'équateur entre deux déclinaisons à midi moyen a été de $4° 43' 33''$, 2, à laquelle il faudrait ajouter la déclinaison correspondante au retard, qui ne serait pas la 24e partie de $4° 43' 33''$, 2; d'où nous pouvons conclure, sans calcul, que près de l'équateur le pas angulaire de l'hélice diurne lunaire est d'environ 5 degrés, par conséquent beaucoup plus grand que vers son tropique austral. La même chose a lieu relativement au tropique boréal.

60. Ainsi, pour la lune comme pour le soleil, le pas angulaire des hélices diurnes va en augmentant des tropiques vers l'équateur, et en diminuant de l'équateur vers les tropiques; la seule différence qu'il y ait, c'est que les pas angulaires des hélices lunaires sont douze à treize fois plus grands que ceux des hélices solaires, quand les tropiques sont aux mêmes déclinaisons. Pour le soleil, le plus grand pas de son hélice est toujours dans l'hémisphère austral, et ne dépasse pas $24'$, tandis que le plus grand pas angulaire de l'hélice lunaire est alternativement dans l'hémisphère austral et dans l'hémisphère boréal.

61. Dans les années comme 1839, où les tropiques sont à près de 29 degrés de déclinaison, les pas angulaires de l'hélice lunaire près l'équateur atteignent plus de 7 degrés.

62. Nous analyserons le mouvement hélicoïde appa-

rent des planètes et des comètes dans les chapitres où nous expliquerons leurs mouvements réels. Pour le moment, nous nous bornerons à dire que, par analogie avec le mouvement du soleil, nous appellerons quart de révolution le passage d'un astre de l'un de ses tropiques à l'équateur ou de l'équateur à l'un de ses tropiques, et demi-révolution tropique, le passage d'un astre de l'un de ses tropiques à l'autre, quoique souvent, par des raisons que nous ferons connaître, il y ait de très grandes différences entre la durée des quarts ou des deux demi-révolutions d'une même révolution tropique, comme on le verra pour Mercure, Vénus, Mars, et pour les comètes.

63. En voyant tous les corps célestes assujettis à la loi du mouvement hélicoïde, la première question qui se présente est de savoir si ce mouvement est réel ou si ce n'est qu'une illusion causée par d'autres mouvements réels. C'est cette belle question que nous allons examiner, avec le soin qu'elle mérite, sans nous laisser influencer par les idées ou les préjugés de nos études de jeunesse : nous n'admettrons d'autre autorité que celle de la raison en faisant cet examen, sur lequel nous appelons très particulièrement l'attention du lecteur.

CHAPITRE V.

MOUVEMENTS RÉELS DES CORPS CÉLESTES.

I.

LE MOUVEMENT HÉLICOÏDE APPARENT DES CORPS CÉLESTES EST-IL UNE RÉALITÉ OU UNE ILLUSION ?

64. Par des méthodes exposées dans tous les traités d'astronomie, les géomètres sont parvenus à mesurer les distances du soleil, de la lune et des principales planètes à la terre. Voici le tableau des plus grandes distances pour chaque astre, tel qu'il se trouve dans l'*Encyclopédie, dictionnaire des mathématiques*, t. II, p. 615.

Le soleil.	34 934 726 lieues.
La lune.	91 397
Mercure.	47 657 222
Vénus.	59 209 365
Mars.	86 707 720
Jupiter.	213 050 030
Saturne.	362 106 200
Uranus ou Herschell.	689 960 080

Il résulte de ces distances, que si l'hélice diurne du soleil était réelle, il faudrait que cet astre parcourût environ 210 millions de lieues en vingt-quatre heures, et que sa vitesse fût de plus de 2400 lieues par seconde de temps.

65. Cette vitesse, déjà incompréhensible pour nous, serait cependant environ vingt fois moindre que celle qu'il faudrait à Uranus, dont la plus grande distance à la terre est d'environ 690 millions de lieues ; son hélice diurne aurait donc plus de 4 billions de lieues de développement.

Pour être parcourue en vingt-quatre heures, il faudrait à cette planète une vitesse de plus de 48 000 lieues par seconde.

66. Les étoiles étant beaucoup plus éloignées de nous que ne l'est Uranus, il leur faudrait des vitesses encore plus grandes et en quelque sorte infinies, ce qui paraît impossible.

67. Cette énorme difficulté a porté quelques philosophes anciens et les astronomes modernes à penser que le mouvement diurne apparent du soleil et des autres astres, d'orient en occident en vingt-quatre heures, était une illusion, causée par un mouvement de la terre autour de son axe, en sens contraire du mouvement diurne apparent du ciel, c'est-à-dire d'occident en orient.

68. Cette lumineuse hypothèse lève en effet la difficulté capitale. Il est clair que les apparences seront absolument les mêmes, soit que le soleil se présente successivement à tous les méridiens en tournant d'orient en occident, ou que la terre présente successivement tous ses méridiens au soleil, en tournant d'occident en orient, autour de son axe.

69. Le même raisonnement s'appliquant parfaitement à tous les autres astres, quelle que soit leur distance à la terre, leur révolution diurne apparente d'orient en occident n'exige d'autre vitesse que celle nécessaire aux points de la surface de la terre, c'est-à-dire environ 9 000 lieues en vingt-quatre heures.

70. Cette explication serait parfaitement satisfaisante, si tous les astres exécutaient leur révolution diurne dans le même temps; mais nous avons déjà dit que le mouvement diurne apparent de la lune éprouvait un retard journalier sur celui du soleil, d'environ trois quarts d'heure;

de son côté, le mouvement diurne du soleil retarde d'environ quatre minutes sur celui des étoiles, et toutes les autres planètes éprouvent des retards un peu plus ou un peu moins longs.

Ces retards n'auraient pas lieu si les astres étaient en repos et que la terre seule tournât autour de son axe; il faut donc chercher le complément de cette admirable hypothèse dans un mouvement particulier à chaque astre.

II.

COMPLÉMENT DE LA ROTATION DE LA TERRE.

71. Lorsqu'on connaît la cause de la pesanteur et de la gravitation universelle, les différents retards du mouvement diurne des astres sont très faciles à expliquer; en effet, nous savons que tous ces corps ont un mouvement de translation résultant de l'action réciproque qu'ils exercent les uns sur les autres, et que ce mouvement pour chaque corps varie avec les positions relatives des autres corps. Ceux d'entre eux qui auront le mouvement angulaire apparent le plus grand d'occident en orient, arriveront plus tard au méridien terrestre qui tourne aussi d'occident en orient.

72. Ces espaces angulaires apparents dépendent des distances de chaque astre à la terre; il pourra donc arriver qu'un astre qui va beaucoup plus vite qu'un autre passe cependant avant lui au méridien. C'est le cas du soleil par rapport à la lune. La vitesse moyenne apparente du soleil dans l'écliptique est de 415 lieues par minute. Celle de la lune dans son orbe est de 14 lieues par minute. Si les deux astres étaient à la même distance de la terre, pour chaque minute de retard de la lune il y aurait en-

viron 30 minutes de retard pour le soleil; mais la distance moyenne du soleil à la terre étant de 34 357 480 lieues, tandis que celle de la lune n'est que de 86 324 lieues, la distance du soleil est environ 398 fois plus grande que celle de la lune, en sorte que l'arc qu'il paraît décrire chaque jour d'orient en occident n'est que d'environ un degré, tandis que l'arc apparent décrit par la lune est d'environ treize degrés, ce qui explique le retard de son mouvement diurne sur celui du soleil.

73. Indépendamment de leur mouvement d'occident en orient, ou en *ascension droite*, nous savons que les astres ont aussi un mouvement en déclinaison, alternatif du nord au sud et du sud au nord; la combinaison de ces deux mouvements donne lieu à un mouvement composé, qui fait décrire des courbes plus ou moins inclinées sur l'équateur et sur le méridien. Pour chaque astre, cette inclinaison est indiquée par la plus grande déclinaison australe et boréale, c'est-à-dire par les tropiques correspondants à chaque révolution. Nous savons déjà que pour le soleil elle est d'environ 23° 1/2, et que pour la lune elle varie entre 18 et 29 degrés.

74. Il résulte de ce qui précède que l'on expliquerait parfaitement le mouvement hélicoïde apparent des corps célestes d'orient en occident, en l'attribuant à deux mouvements réels, savoir :

75. 1° Le mouvement de rotation de la terre autour de son axe, d'occident en orient en vingt-quatre heures, qui donne le jour *sidéral*, parce que toutes les étoiles paraissent faire leur révolution diurne dans le même temps.

76. 2° Le mouvement propre du soleil, des planètes, des comètes et des satellites, également d'occident en

orient, dans des courbes plus ou moins inclinées à l'équateur, desquelles résultent les saisons solaire, lunaire, planétaires et cométaires, et les retards des jours correspondants à chaque astre relativement au jour sidéral.

77. Dans les observations on ne devra pas perdre de vue que le centre de la terre n'est pas un point fixe, qu'il a aussi un mouvement de translation, qui modifie les apparences des mouvements des autres astres. Nous ne connaissons pas encore la courbe décrite par ce centre; il nous faudra la déterminer par la combinaison des principales forces qui contribuent à sa formation, c'est-à-dire par les actions combinées du soleil et de la lune.

78. Nous sommes donc naturellement conduit au fameux problème des *trois corps*, qui a tant occupé et occupe chaque jour les géomètres et les analystes; mais il est visible qu'il doit être envisagé sous un point de vue fort différent de celui sous lequel il a été traité jusqu'à présent; puisque nous considérons le mouvement annuel apparent du soleil comme aussi réel que celui de la lune, tandis que nos devanciers l'ont attribué à la terre, en plaçant le soleil au foyer de l'écliptique.

79. Avant de nous occuper du problème des trois corps, nous devons donc faire l'examen approfondi du système dit de *Copernic*, pour savoir si toutes ses parties sont également admissibles : car s'il résultait de cet examen que ce système est aussi parfait qu'on l'a cru jusqu'à présent, notre travail serait sans objet; nous n'aurions pas à rechercher une courbe déjà connue.

CHAPITRE VI.

EXAMEN RAISONNÉ DU SYSTÈME DE COPERNIC.

I.

80. Copernic, en reproduisant la belle hypothèse du mouvement diurne de rotation d'occident en orient de la terre autour de son axe, pour expliquer le mouvement diurne apparent des corps célestes d'orient en occident, avait fait faire un pas immense à l'astronomie. Heureux s'il s'en fût tenu là en laissant, comme nous venons de le faire, à chaque astre, *sans exception*, le mouvement propre apparent en vertu duquel s'exécutait sa révolution tropique, et s'il ne se fût laissé entraîner par une fausse analogie qui, comme dit Molière, n'était pas une similitude.

81. Copernic, ne considérant que le soleil, auquel il venait d'épargner l'immense course de plus de 200 millions de lieues par vingt-quatre heures, crut pouvoir lui épargner aussi la peine de se transporter chaque année dans l'écliptique, comme un roi puissant qui visite son empire pour veiller au bien de ses sujets; il aima mieux en faire un roi fainéant ne sortant point de sa capitale. Copernic dit : « Puisqu'en faisant tourner la terre d'occident en orient en vingt-quatre heures autour de l'axe du monde, j'obtiens le jour et la nuit absolument de la même manière que si le soleil tournait d'orient en occident en vingt-quatre heures, autour de la terre; si je plaçais le soleil immobile au centre de la courbe qu'il paraît décrire, et que je fisse parcourir l'écliptique à la terre, j'obtiendrais

ainsi les saisons. Or le soleil étant considérablement plus
gros que la terre, il serait sans doute beaucoup plus difficile à mettre en mouvement et à maintenir dans son
orbite ; je choisis le plus facile, je mets la terre en mouvement et je laisse le soleil en repos. »

82. Ce raisonnement eût été très spécieux si le soleil
eût été seul avec la terre dans les espaces célestes ; mais
il devient absurde du moment qu'il y a d'autres corps
dont la durée des révolutions tropiques est différente
de celle du soleil. En effet, si l'on faisait l'application de
ce raisonnement à la lune, on en conclurait que la
terre, au lieu de faire le tour du zodiaque en 365 jours
6 heures, etc., en tournant autour du soleil, le ferait en
27 jours 7 heures 43 minutes 4 secondes, en tournant
autour de la lune.

83. Mettons cette absurdité dans tout son jour. Pour
cela, commençons par donner textuellement la démonstration du mouvement de la terre sur l'écliptique, telle
qu'elle se trouve dans l'astronomie de Lalande, le plus
zélé et le plus convaincu des coperniciens. Cette démonstration se trouve reproduite dans la plupart des ouvrages
modernes écrits sur cette science.

II.

EXTRAIT DE L'ASTRONOMIE DE LALANDE.

84. Voici ce qu'on trouve dans toutes les éditions de
l'ouvrage de cet astronome, et notamment dans la 2ᵉ édition de son *Abrégé*, publié en 1795, page 143 :

« Le mouvement annuel s'explique avec la même faci-
» lité (que le mouvement diurne) dans le système de
» Copernic ; tout ce que nous avons dit du mouvement

» apparent du Soleil dans l'écliptique a lieu en consé-
» quence du mouvement de la Terre : quand la Terre est
» dans le Bélier, le Soleil paraît dans la Balance, qui est
» le signe opposé; la Terre avance de 30 degrés et se
» place dans le Taureau, le Soleil paraît avancer d'autant,
» nous le voyons dans le Scorpion, et le lieu apparent du
» Soleil est toujours opposé de 180 degrés ou de six
» signes au lieu apparent de la Terre. Ainsi, dans la
» figure 47 (3), soient S le Soleil, TR l'orbite de la Terre,
» ♈ ♋ ♎ ♑ le cercle céleste appelé écliptique, dans lequel
» on imagine les douze signes à une distance infinie de
» nous. Le Soleil S paraît répondre en ♎ quand la Terre
» est en T, parce que le rayon visuel mené de la Terre
» au Soleil s'étend vers le signe ♎, et nous disons qu'alors
» le Soleil est dans la Balance; mais si la Terre T était
» vue du Soleil S suivant le rayon ST ♈, elle paraîtrait en
» ♈, c'est-à-dire dans le Bélier. Le lieu de la Terre dans
» l'écliptique est donc toujours opposé diamétralement à
» celui du Soleil. Ainsi, la Terre décrivant une orbite an-
» nuelle TR qui la fait répondre successivement à tous les
» points ♈ ♋, etc., elle verra le Soleil répondre lui-même
» à tous les points de l'écliptique; par conséquent, le
» mouvement annuel de la Terre produira le mouvement
» apparent du Soleil, tel que nous l'observons et tel qu'il
» a été expliqué. Il le produira dans le même sens que
» se fait le mouvement de la Terre. »

85. Voilà ce que M. Lalande, les astronomes qui l'ont précédé et suivi jusqu'à ce jour, ont considéré comme une démonstration. Pour en apprécier la valeur, faisons-en l'application à la lune. Voyons où cela va nous conduire.

III.

APPLICATION DU RAISONNEMENT DE M. LALANDE A LA LUNE ET A LA TERRE.

86. Plaçons la Terre sur l'orbite de la Lune, et mettons celle-ci au centre de l'orbite. Soient (fig. 47 *bis*) (3 *bis*) L la Lune, TR l'orbite de la Terre, γ ♋ ♎ ζ le cercle céleste dans lequel on imagine les douze signes du zodiaque à une distance infinie de nous. La lune L paraît répondre en ♎ quand la Terre est en T, parce que le rayon visuel mené de la Terre à la Lune s'étend vers le signe ♎, et nous disons alors que la Lune est dans la Balance; mais si la Terre était vue de la Lune L suivant le rayon LT γ, elle paraîtrait en γ, c'est-à-dire dans le Bélier. Le lieu de la Terre dans l'orbite lunaire est donc toujours diamétralement opposé à celui de la Lune. Ainsi, la Terre décrivant en 27 jours 7 heures 43 minutes 4 secondes une orbite TR, qui la fait répondre successivement à tous les points γ ♋, etc., elle verra la Lune répondre elle-même à tous les points du zodiaque; par conséquent, le mouvement mensuel de la Terre produira le mouvement de la Lune apparent tel que nous l'observons et tel qu'il a été expliqué. Il le produira dans le même sens que se fait le mouvement de la Terre,

87. Ainsi, en appliquant mot à mot le raisonnement de M. Lalande, en prenant la même figure, nous voilà conduit à conclure que la terre tourne autour de la lune et parcourt le zodiaque en 27 jours 7 heures 43 minutes 4 secondes, au lieu d'un an 6 heures 9 minutes 10 secondes qu'il lui faudrait sur l'orbite du soleil.

88. En plaçant la terre sur l'orbite de Jupiter, à l'aide du même raisonnement, nous serions conduit à conclure que la terre fait le tour du zodiaque en 11 ans 317 jours

8 heures 54 minutes 25 secondes, et ainsi de suite pour les autres planètes.

89. Comment une semblable absurdité a-t-elle pu échapper aux Descartes, aux Newton, aux d'Alembert, aux Clairaut, aux Euler, aux Lagrange, aux Laplace, aux Arago, et à tant d'autres savants renommés qui ont consumé leur vie en travaillant d'après cette bizarre hypothèse, qui leur a dérobé la cause des phénomènes célestes, en attribuant au repos du soleil une puissance attractive qu'il tient de son mouvement.

90. Hélas! la cause de leur erreur est simple : on leur a, comme à moi, enseigné ce beau raisonnement dans leur jeunesse. Ils avaient confiance dans les lumières de leurs professeurs ; la figure où l'on plaçait seulement le Soleil, la Terre et le zodiaque, faisait image, ils la comprenaient et ne se demandaient pas ce qui arriverait si l'on mettait la même figure sous leurs yeux en remplaçant le Soleil par la Lune ou par une planète. L'absurdité ayant échappé à quelques hommes célèbres, ils ont accrédité l'erreur que leur suffrage a bientôt rendue générale ; car

> Brebis sont la plupart des personnes ;
> Qu'il en passe une, il en passera cent !

IV.

INUTILITÉ DE CETTE HYPOTHÈSE.

91. Il est d'autant plus étonnant que cette absurde hypothèse ait été admise qu'elle était parfaitement inutile et n'était point justifiée, comme celle de la rotation de la terre, par la diminution dans la vitesse nécessaire pour parcourir l'écliptique en un an. En effet, si c'est le soleil qui décrit l'écliptique, il lui faut une vitesse moyenne de

415 lieues par minute ; si c'est la terre qui décrit l'écliptique, il lui faut également une vitesse de 415 lieues par
minute : on ne gagne rien sous ce rapport. Il est vrai que
le soleil est plus gros que la terre, mais cette grosseur
exige seulement un moteur plus puissant. Un boulet de
48 ne va pas moins vite qu'un boulet de 4, seulement il
exige une plus forte charge de poudre. Nous savons maintenant que les plus gros corps célestes portent en eux-
mêmes le moteur qui entretient leur mouvement, et que
la puissance de ce moteur dépend précisément de la surface de leur grand cercle.

V.

COUP MORTEL PORTÉ PAR M. LAPLACE A LA TRANSLATION DE LA TERRE
SUR L'ÉCLIPTIQUE.

92. De tous les défenseurs du système de la translation de la terre sur l'écliptique, M. Laplace est incontestablement un des plus éminents ; eh bien ! en voulant
le défendre, il a porté, sans s'en douter, à ce système,
un coup plus dangereux que tous ceux de ses adver-
saires.

93. Dans son *Exposition du système du monde*, il a
consacré le chapitre II du second livre à cette question,
sous le titre : *Du mouvement de la terre autour du soleil.*
Voici son début :

94. « Maintenant, puisque la révolution diurne du ciel n'est qu'une
» illusion produite par la rotation de la terre, *il est naturel de pen-*
» *ser que la révolution annuelle du soleil, emportant avec lui toutes*
» *les planètes, n'est pareillement qu'une illusion due au mouvement*
» *de translation de la terre autour du soleil.* Les considérations
» suivantes ne laissent aucun doute à cet égard.
» Les masses du soleil et de plusieurs planètes sont considérable-
» ment plus grandes que celles de la terre, il est donc beaucoup plus

» simple de faire mouvoir celle-ci autour du soleil que de mettre en
» mouvement autour d'elle tout le système solaire, etc. »

(Exposition du système du monde, liv. II, chap. II,
p. 105, 5e édition ; 1824.)

95. On voit, d'après ce passage, que M. Laplace refuse formellement au soleil *tout mouvement de translation entraînant avec lui les planètes;* eh bien! à la fin du même chapitre, il dit absolument le contraire. Voici comme il le termine :

96. « Mais quelques étoiles paraissent avoir des mouvements pro-
» pres, et *il est vraisemblable* qu'elles sont toutes en mouvement,
» AINSI QUE LE SOLEIL QUI TRANSPORTE AVEC LUI DANS L'ESPACE LE
» SYSTÈME ENTIER DES PLANÈTES ET DES COMÈTES, de même que
» chaque planète entraîne ses satellites dans son mouvement autour
» du soleil. »

(Système du monde, ib., p. 110.)

97. Est-il possible de voir, à cinq pages de distance, une contradiction plus flagrante ? Est-il possible à un auteur de se donner à lui-même, dans le même chapitre, un plus éclatant démenti? C'est cependant dans l'ouvrage considéré comme le code de l'astronomie que se trouve une semblable monstruosité; elle est passée inaperçue, à l'ombre du grand nom et du style brillant de son auteur! Voyons les conséquences que nous devons en tirer.

98. Qu'eût répondu M. Laplace si, à l'apparition de son bel ouvrage, un critique éclairé lui eût dit :

« Le premier et le dernier paragraphe du chapitre II du
» second livre sont en opposition formelle l'un avec l'autre;
» *si l'un est vrai, l'autre est faux.* Le vrai est évidemment
» le dernier. En effet, quoique vous ne connaissiez pas en-
» core la cause de la gravitation des corps célestes les
» uns vers les autres, vous admettez qu'elle existe et agit
» en raison inverse du carré des distances. Si l'attraction

» solaire impose sa loi aux planètes et les met en mou-
» vement, en se combinant avec leurs attractions réci-
» proques, de leur côté les attractions des planètes sur le
» soleil forcent cet astre à se mouvoir. Son centre décrit
» donc une courbe dont la forme est déterminée par la
» résultante de toutes les actions planétaires à chaque
» instant de son cours.

» Cette route, l'Éternel a pris soin de vous l'indiquer
» par les retards journaliers des passages du soleil au
» méridien, qui, comme ceux de la lune et des planètes,
» indiquent un mouvement général de notre système pla-
» nétaire d'occident en orient. L'analogie seule aurait
» dû vous conduire à conclure que le soleil n'échappait
» pas à cette loi, et même qu'il en était la principale
» cause. Cette conclusion était la conséquence naturelle
» du passage où vous dites, avec raison, que *les étoiles*
» *sont toutes en mouvement, ainsi que le soleil, qui trans-*
» *porte avec lui dans l'espace le système entier des planètes*
» *et des comètes.* Puisque le soleil est en mouvement,
» puisque vous voyez la route qu'il paraît suivre, puisque
» vous admettez la réalité des mouvements de la lune,
» des planètes et des comètes, qui sont de la même nature,
» pourquoi faire une exception à l'égard du soleil, pour-
» quoi le retirer de la belle route tracée par l'Éternel
» pour le faire errer, à l'aventure, dans les espaces
» célestes, sans savoir ni d'où il vient, ni où il va ? Pour-
» quoi enfin mettre la terre à sa place et lui faire quitter
» celle qu'elle paraît occuper dans l'intérieur de l'orbe
» solaire ?

» Parce que, dites-vous, *les masses du soleil et de plu-*
» *sieurs planètes étant considérablement plus grandes que*
» *celles de la terre, il est beaucoup plus simple de faire*
» *mouvoir celle-ci autour du soleil que de mettre en mou-*
» *vement autour d'elle tout le système solaire.*

» Ce raisonnement rappelle involontairement celui du
» *Garo* de la Fable qui, trouvant la citrouille trop grosse
» pour ramper à terre, voulait, dans sa sagesse, la sus-
» pendre au chêne à la place du gland, trop petit pour
» cet arbre colossal, sans prévoir les inconvénients qui
» pourraient résulter de sa chute.

» Ne connaissant qu'une attraction matérielle, occulte,
» dont vous ignorez l'origine, vous ne cherchez point si
» le mouvement du soleil dans l'écliptique n'est pas pré-
» cisément la cause de la belle harmonie de notre système
» planétaire; vous ne vous demandez point si ce mouve-
» ment n'est pas indispensable à la production de la
» lumière, de la chaleur, de l'électricité, de tous les phé-
» nomènes qui entretiennent la vie, la fécondité, et si son
» déplacement, son repos au centre de son orbite appa-
» rente, ne les ferait pas cesser immédiatement. Vous
» n'établissez point de comparaison entre la nature et la
» grandeur des effets que chacun de ces astres, mis sur
» l'écliptique, produirait; enfin, vous n'avez vu qu'un
» point de cette immense question qui doit être envisagée
» sous toutes ses faces. Votre hypothèse n'est donc point
» suffisamment motivée. »

99. Assurément, si l'on eût tenu ce langage à M. Laplace, il eût éprouvé quelque embarras pour y répondre
et concilier le premier avec le dernier paragraphe de son
chapitre II. L'analogie entre le soleil et les étoiles lui eût
certainement fait adopter la dernière version, et, comme
Garo, il eût fini par dire : *Dieu fait bien ce qu'il fait.*
Puisque le soleil se meut, autant vaut le laisser sur sa
courbe apparente que de lui en chercher une imaginaire,
pour le seul plaisir de mettre la terre à sa place, où elle
jouerait un assez triste rôle, comme nous le verrons dans
le chapitre suivant.

CHAPITRE VII.

SUITE DE L'EXAMEN RAISONNÉ DU SYSTÈME DE COPERNIC.

I.

EFFETS COMPARATIFS DES MOUVEMENTS DU SOLEIL ET DE LA TERRE SUR L'ÉCLIPTIQUE.

Pour décider avec connaissance de cause si le mouvement annuel apparent du soleil peut être remplacé par le mouvement de la terre sur la même courbe, il faut comparer les effets qui seraient produits par l'un et par l'autre de ces mouvements.

100. D'après les calculs des astronomes modernes, sur lesquels nous n'avons point ici d'objections à élever, le diamètre du soleil est de 319 314 lieues de vingt-cinq au degré. La circonférence de son grand cercle sera donc à peu près de $319\,314 \times \frac{22}{7} = 1\,003\,558$ lieues. La surface de ce grand cercle est égale à la circonférence multipliée par le quart du diamètre : c'est donc $1\,003\,558 \times 79\,828 = 80\,112\,028\,024$ lieues carrées. La vitesse apparente du soleil sur l'écliptique est de 415 lieues par minute, approchant de 7 lieues par seconde ; le vide formé par le mouvement du grand cercle solaire sera donc à peu près de $80\,112\,028\,024 \times 7 = 560\,784\,196\,168$, c'est-à-dire *cinq cent soixante bil-lions, sept cent quatre-vingt-quatre millions, cent quatre-vingt-seize mille, cent soixante-huit lieues cubiques* par seconde.

101. On conçoit avec quelle impétuosité l'atmosphère solaire se précipitera dans ce vide immense, se renou-

velant à chaque seconde, et la force des courants éthérés qui en seront la suite, qui tous convergeront vers les centres successifs du mouvement solaire. De ce premier phénomène il en naîtra une infinité d'autres dont voici quelques-uns :

102. 1° L'atmosphère solaire ayant un espace de 159 657 lieues à parcourir pour arriver au centre, acquerra une vitesse énorme en partant de tous les points de la circonférence ; la vitesse acquise fera dépasser le centre dans tous les sens et donnera lieu à des frottements considérables des courants de l'atmosphère, prodigieusement condensée vers le centre. L'analogie seule de ce qui se passe dans notre atmosphère, quand des nuages condensés marchant rapidement en sens contraire se rencontrent, suffit pour nous indiquer que les frottements de l'atmosphère solaire donneront lieu à la production de la lumière, de la chaleur et de l'électricité, etc.

103. 2° Par les vides énormes qu'il produit par les courants atmosphériques et éthérés auxquels son mouvement donne naissance, *le soleil est le plus puissant ventilateur de notre système planétaire ;* toutes les planètes sont forcément entraînées vers l'immense bassin dont l'écliptique forme l'axe. Les courants partiels, produits par le mouvement de chacune d'elles, sont en quelque sorte de faibles ruisseaux forcés de venir se jeter dans ce vaste océan et de le suivre dans son cours. Ainsi, le mouvement du soleil sur l'écliptique, d'occident en orient, explique admirablement le mouvement général de notre système planétaire dans le même sens. Le soleil n'est plus une immense machine atmosphérique fixe dont aucune force centrifuge ne pourrait contre-balancer la puissance ; c'est une véritable locomotive qui traîne après elle les planètes placées dans les courants d'arrière

et latéraux, pousse celles qui se trouvent dans le flux produit par le refoulement du fluide d'avant, et repousse celles qui sont dans la direction de la force centrifuge. Les planètes courent et oscillent après et autour de lui, mais ne peuvent décrire des ellipses autour de son centre mobile, comme elles le feraient autour d'un point fixe. (Voyez le chapitre VIII.)

104. 3° Ainsi que nous l'avons dit n° 34, la masse du soleil n'a plus besoin d'être une fournaise ardente, dévorant ou volatilisant tout ce qui approche de son rayon d'activité; sa matière rentre dans la classe de celle des autres corps célestes; tous ses effets sont dus à sa grosseur, à sa vitesse, à la condensation et aux frottements de son atmosphère; la rapidité de sa marche empêche la chaleur résultant de ces frottements d'être destructive et fait évanouir la mystification des romans scientifiques de Newton sur la chaleur éprouvée par la comète de 1680. Les habitants de Mercure n'auront plus à craindre de périr de soif ou d'être rôtis à la vapeur, par suite de la volatilisation de leur eau (1).

______

(1) Il est difficile de se faire une idée des excès auxquels la manie des calculs et le désir de trouver des rapports numériques peuvent entraîner certains esprits, à la tête desquels il faut placer Newton. Voici un exemple frappant de ces excès. A l'occasion de la comète de 1680, Newton dit :

« La chaleur du soleil est comme la densité de ses rayons, c'est-à-
» dire réciproquement comme le carré de la distance des lieux au
» soleil : ainsi, comme la distance de la comète au centre du soleil
» le 8 décembre, qu'elle était dans son périhélie, était à la distance
» de la terre au centre du soleil comme 6 à 1000 environ, la chaleur
» du soleil dans la comète était alors à la chaleur du soleil sur la
» terre en été comme 1 000 000 à 36, ou comme 28 000 à 1. Mais
» la chaleur de l'eau bouillante est presque triple de la chaleur que la
» terre reçoit en été des rayons du soleil, comme j'en ai fait l'expé-

II.

LA TERRE N'A PAS LA VITESSE NÉCESSAIRE POUR PARCOURIR L'ÉCLIPTIQUE
EN UN AN.

105. Si l'on plaçait la terre sur l'écliptique, la plupart
des phénomènes dont je viens de parler disparaîtraient ;
pour s'en convaincre, il suffit de remarquer que le dia-

» rience ; et la chaleur du fer ardent est trois ou quatre fois plus
» grande que celle de l'eau bouillante (si je ne me trompe). Donc *la*
» *chaleur que la terre sèche de la comète dut éprouver par les*
» *rayons du soleil dans son périhélie était presque* 2000 *fois plus*
» *grande que celle du fer ardent;* et par une telle chaleur, les va-
» peurs, les exhalaisons et toute la matière volatile dut être consumée
» et dissipée dans un instant. »

Assurément il est impossible de présenter une assertion plus témé-
raire et plus absurde, sous l'appareil d'un langage scientifique ; et
pourtant Newton est ici conséquent à sa doctrine de l'émission et à
son attraction occulte de la matière. Pour nous, qui connaissons la
cause de l'attraction solaire et planétaire ; qui savons que cette attraction est le résultat des vides produits par le mouvement des corps
célestes et des courants atmosphériques ou éthérés, il nous est facile
de faire toucher au doigt l'absurdité de la conclusion. En effet, le
soleil fût-il composé d'une matière aussi ardente que le suppose
Newton, la chaleur ne croîtrait pas comme les carrés des distances
diminueraient, parce que l'étendue des courants éthérés partant des
planètes ou des comètes augmente à mesure qu'elles se rapprochent
du soleil. La force, la rapidité de ces courants repousserait donc les
matières incandescentes de l'atmosphère solaire. N'oublions pas qu'on
peut promener rapidement la main sur un brasier sans se brûler, et
qu'en se plaçant en amont du courant d'air, on peut rester très près
d'un vaste incendie, sans inconvénient, tandis qu'on serait dévoré
par la flamme si l'on était sous le vent.

A l'égard de la chaleur de Mercure, voici ce que dit Newton :

« Si la terre était dans l'orbite de Mercure, toute l'eau s'évaporerait
» dans l'instant, car la lumière du soleil, à laquelle la chaleur est
» proportionnelle, est sept fois plus dense dans Mercure que sur la

mètre de la terre n'est qu'environ *la cent onzième partie du diamètre du soleil*, par conséquent la surface de son grand cercle n'est que la *douze mille trois cent vingt et unième partie de la surface du grand cercle solaire*; la vitesse étant supposée la même, les vides laissés par la terre à chaque instant ne seraient que $\frac{1}{12321}$ de ceux laissés par le soleil, et les attractions seraient dans le même rapport.

106. Au lieu du vaste océan de vide qui attire toutes les planètes et les force à suivre la route tracée par le soleil, on n'aurait plus qu'un de ces petits ruisseaux qui, loin de commander aux courants des grosses planètes, seraient forcés de leur obéir. La terre, ainsi ballottée au milieu des autres globes, au lieu de suivre une courbe également inclinée sur l'équateur, à toutes ses révolutions tropiques, changerait constamment d'inclinaison, comme fait la lune sous l'influence de la terre et du soleil.

» terre, et j'ai éprouvé par le thermomètre que, lorsque la chaleur » était sept fois plus forte que celle du soleil de notre été, elle faisait » bouillir l'eau dans l'instant, etc. »

Ce que j'ai dit pour la chaleur de la comète s'applique à celle de Mercure, par les mêmes raisons. On peut juger de la force des courants dans lesquels Mercure est entraîné par la vitesse que les astronomes lui attribuent. Cette vitesse est de 667 lieues par minute, c'est la plus grande de tous les corps planétaires de notre système ; elle dépasse de beaucoup celle du soleil. Nous en ferons connaître la cause dans le chapitre relatif à cette planète.

D'ailleurs, un phénomène bien simple prouve que la chaleur du soleil ne décroît pas proportionnellement aux carrés des distances, puisque en hiver, à la fin de décembre, le soleil est plus rapproché de la terre d'environ onze cent cinquante mille lieues qu'en été, vers le 4 juillet. Si l'assertion de Newton était fondée, il devrait donc faire plus chaud au mois de janvier qu'au mois de juillet. On voit, d'après cela, que ce prince de la science a de singulières distractions.

107. L'immobilité de l'écliptique suffirait donc seule pour prouver que cette route est tracée par le soleil, sur la marche duquel les courants planétaires sont à peine sensibles et ne peuvent pas plus déranger son cours qu'un faible ruisseau ne peut déranger le cours d'un grand fleuve dans lequel il vient se jeter et est entraîné.

108. En accordant à la terre la 12 321ᵉ partie de la force attractive du soleil, j'exagère considérablement sa puissance, parce que cela suppose une vitesse de 415 lieues par minute qu'elle devrait avoir pour parcourir l'écliptique, mais qu'elle n'a pas, parce qu'elle parcourt une courbe beaucoup plus rapprochée du centre. Pour se convaincre de cette vérité, il suffit d'appliquer la propre hypothèse de Newton : que l'attraction est proportionnelle aux masses.

109. D'après Laplace, la masse du soleil est à celle de la terre comme 354 936 est à 1 (*Système du monde*, 5ᵉ édit., page 209) ; il en résulterait donc que l'attraction de la terre ne serait que la 354 936ᵉ partie de l'attraction du soleil. Pour établir le même rapport d'après notre explication de la cause de la gravitation universelle, il faudrait que la vitesse de la terre, au lieu d'être égale à celle du soleil, n'en fût que la 29ᵉ partie, puisque le quotient de 354 936 par 12 321 est très près de 29. Dans ce cas, le rayon de l'orbe terrestre serait seulement de 1 184 720 lieues.

110. Selon Newton, la masse de la terre est $\frac{1}{169280}$ de celle du soleil, par conséquent son attraction serait la 169 280ᵉ partie de celle du soleil. Pour avoir la vitesse de la terre, dans ce cas, il faudrait diviser 169 280 par 12 321, le quotient serait de 13,74 : ainsi la vitesse de la terre serait la 13,74ᵉ partie de la vitesse du soleil, ce qui suppose un orbe dont le rayon est à peu près de deux millions cinq cent mille lieues.

111. La masse du soleil, telle que Newton la donne, suppose que la densité de la matière solaire n'est que le quart de la densité de la matière terrestre; or, cette supposition est évidemment erronée pour quiconque connaît la cause de la pesanteur : car si, d'une part, la distance du centre à la circonférence du soleil est beaucoup plus grande que la distance du centre à la circonférence de la terre, et si la pesanteur ou pression diminue proportionnellement au carré des rayons, d'un autre côté le vide augmente comme la surface du grand cercle, c'est-à-dire comme le carré du rayon. Il y a donc compensation, et la pression reste la même à la surface des grands et des petits globes qui sont animés de la même vitesse. Or, la vitesse du soleil étant beaucoup plus grande que celle de la terre, la pesanteur à la surface du premier doit être plus grande que la pesanteur terrestre; par conséquent la densité de la matière solaire, au lieu de n'être, comme le suppose Newton, que le quart de la densité de la matière terrestre, doit lui être supérieure, sauf la modification résultant du mouvement de rotation des deux globes autour de leurs axes. Il paraît, en conséquence, que la densité du soleil et celle de la terre doivent être à peu près les mêmes. S'il en était ainsi, les masses seraient proportionnelles aux volumes, et comme le volume du soleil est presque quatorze cent mille fois plus grand que celui de la terre, nous pourrions *provisoirement* en conclure que la masse du soleil est à celle de la terre environ comme 1 400 000 est à 1. Dans ce cas, pour avoir le rapport des vitesses, il faudrait diviser 1 400 000 par 12 321 : le quotient approche de 113; par conséquent la vitesse du soleil serait à peu près cent treize fois plus grande que celle de la terre, ce qui

réduirait le rayon de l'orbe terrestre à environ *trois cent mille lieues* (1).

112. Ainsi, soit que nous adoptions les masses calculées par Newton, soit que nous prenions celles calculées par Laplace ou que nous adoptions la proportionnalité des masses aux volumes, nous sommes toujours conduits à cette conséquence remarquable :

113. LA TERRE NE SE MEUT PAS SUR L'ÉCLIPTIQUE ; ELLE DÉCRIT UNE COURBE BEAUCOUP PLUS RAPPROCHÉE DU CENTRE DE L'ORBE SOLAIRE.

Cette conséquence déduite de l'hypothèse de l'attraction proportionnelle aux masses va nous être confirmée dans le chapitre VIII par une démonstration géométrique et mécanique qui ne peut laisser aucun doute dans l'esprit des coperniciens les plus fervents.

---

(1) Nous avons déjà signalé l'énorme différence qui se trouve entre la masse de la lune trouvée par Newton et celle trouvée par Laplace (voy. le n° 28). La différence entre les masses trouvées par ces deux illustrations scientifiques pour le soleil est encore plus grande, puisque celle calculée par Laplace est plus que double de celle calculée par Newton, et pourtant c'est sur des résultats aussi opposés qu'ils appuient le même système du monde.

Newton dit :

« L'attraction du soleil est 169 280 fois plus grande que celle de » la terre. » (*Principes math.*, liv. III, prop. VIII, cor. 2, t. II, p. 24.)

Laplace dit :

« L'attraction du soleil est 354 936 fois plus grande que celle de » la terre. » (*Système du monde*, 5ᵉ édition, page 209.)

Nos astronomes, qui ne jurent que par ces deux maîtres, ne se donnent pas la peine de les concilier ; ils continuent à les admirer également, quoique, si l'un a raison, l'autre ait tort. Ils font plus, toutes les fois qu'il se présente quelque cas particulier qui les embarrasse, ils changent tantôt la masse du soleil, tantôt la masse de Jupiter, tantôt celle de Mars, etc., jusqu'à ce que quelque nouveau phénomène les force de faire de nouvelles modifications qu'il faut encore modifier plus tard. Voilà ce qu'ils appellent une science faite.

CHAPITRE VIII.

PREMIÈRES CONSIDÉRATIONS SUR LE FAMEUX PROBLÈME DES TROIS CORPS, SOLEIL, TERRE ET LUNE.

114. Nous savons que le soleil et la lune sont les deux corps célestes qui exercent la plus grande influence sur le mouvement de translation de la terre. Nous consacrerons ce chapitre à la recherche de la nature de la courbe qu'ils doivent lui faire décrire par suite de leurs mouvements apparents, recherche que n'ont point faite les astronomes et les géomètres les plus célèbres (1), qui ont trouvé beaucoup plus commode de la placer sur l'écliptique, sans se préoccuper des conséquences de cette hypothèse hasardée, dont nous avons déjà démontré la complète absurdité. Il est de la dernière évidence que pour avoir une idée nette du mouvement de la lune, il faut commencer par connaître celui de la terre; puisque la lune tourne autour d'elle. Nous prendrons donc le pro-

---

(1) M. Lagrange a composé un mémoire sur le problème des trois corps, qui a obtenu le prix proposé par l'Académie des sciences de Paris, pour l'année 1772. Il s'est proposé de déterminer l'orbite de chaque corps d'après leurs distances respectives, c'est-à-dire de trouver le triangle formé par ces corps à chaque instant. Pour cela, dit-il, il faut d'abord trouver les équations qui déterminent ces distances par le temps; ensuite, en supposant les distances connues, il faut en déduire le mouvement relatif des corps par rapport à un plan fixe quelconque. C'est l'objet du premier chapitre, à la fin duquel il rassemble les formules qui, selon lui, donnent la solution du problème pris dans toute sa généralité.

Dans le second chapitre, il donne une solution du problème pour différentes hypothèses qui n'ont pas lieu dans le système du monde. Dans le troisième chapitre, il suppose que la distance d'un des trois corps aux deux autres est fort grande; ce qui est le cas du soleil par

blème dans toute sa généralité, nous ne ferons aucune hypothèse, nous mettrons les trois acteurs en présence, et, partant des observations qui nous apprennent que le soleil paraît faire le tour du zodiaque en un an, que la lune paraît faire treize fois le tour du zodiaque dans le même temps, nous verrons comment et pourquoi ils produisent les autres phénomènes constatés par les observations. Nous simplifierons cette question de manière à la ramener à un simple problème de géométrie plane qui nous offrira un tableau dans lequel on lira facilement des résultats d'une immense importance, dont les plus grands analystes n'ont pu se faire une idée dans la contemplation des interminables séries à l'aide desquelles on pourrait envelopper l'orbite de la planète la plus éloignée de nous.

115. Commençons par donner une idée des peines que ce problème a causées aux savants les plus renommés, tels que Newton, d'Alembert, Clairaut, Euler, Lagrange, Laplace, etc., en laissant la parole à ce dernier, qui s'en est

---

rapport à la terre et à la lune, et il applique sa solution générale à cette hypothèse. Il a consacré le quatrième chapitre à la théorie de la lune ; il donne les formules qui renferment cette théorie, mais il n'a tiré de ces formules aucune conséquence indiquant le rôle de la lune dans le système planétaire et ne donne aucun aperçu de l'orbite de la terre.

Je reviendrai sur ce mémoire et sur les travaux de M. Laplace, lorsque je ferai l'application de l'analyse à l'astronomie ; je montrerai alors que leurs équations sont insuffisantes et ne peuvent représenter les phénomènes : 1° parce qu'ils supposent une impulsion tangentielle donnée une fois pour toutes, qui se conserve éternellement, ce qui n'a pas lieu ; 2° parce qu'ils ne considèrent que trois corps, et qu'il en faut considérer au moins quatre, afin que le soleil ait comme la terre un satellite qui lui serve de régulateur. (Voyez, ci-après, la fin de ce chapitre.)

particulièrement occupé dans son *Exposition du système
du monde* et dans sa *Mécanique céleste*, et a présenté un
résumé des travaux et des tentatives infructueuses relatifs
à cet objet, beaucoup trop long pour trouver place ici,
mais dont nous choisirons quelques passages qui méritent
un examen spécial.

I.

EXTRAITS DE L'EXPOSITION DU SYSTÈME DU MONDE DE M. LAPLACE.

116. « La lune est à la fois attirée par le soleil et par la terre ;
» mais son mouvement autour de la terre n'est troublé que par la
» différence des actions du soleil sur ces deux corps. *Si le soleil était*
» *à une distance infinie, il agirait sur eux également et suivant*
» *des droites parallèles, leur mouvement relatif ne serait donc*
» *point troublé par cette action qui leur serait commune.* Mais
» sa distance, quoique très grande par rapport à celle de la lune, ne
» peut pas être supposée infinie. La lune est alternativement plus
» près et plus loin du soleil que de la terre, et la droite qui joint son
» centre à celui du soleil forme des angles plus ou moins aigus avec
» le rayon vecteur terrestre. Ainsi le soleil agit inégalement et suivant
» des directions différentes sur la terre et sur la lune, et de cette
» diversité d'actions il doit résulter dans le mouvement lunaire des
» inégalités dépendantes des positions respectives du soleil et de la
» lune. C'est dans leur recherche que consiste *le fameux problème*
» *des trois corps, dont la solution rigoureuse surpasse les forces de*
» *l'analyse,* mais que la proximité de la lune, eu égard à sa distance
» au soleil et à la petitesse de sa masse par rapport à celle de la terre,
» permet de résoudre par approximation. Cependant l'analyse la
» plus délicate est nécessaire pour *démêler* tous les termes dont l'in-
» fluence est sensible. Leur discussion est le point le plus important
» de cette analyse, lorsqu'on se propose de la faire concourir à la
» perfection des tables lunaires, ce qui doit être son but principal.
» On peut facilement imaginer un grand nombre de moyens différents
» de mettre en équation le problème des trois corps, mais sa vraie
» difficulté consiste à distinguer dans les équations différentielles et à
» déterminer exactement les termes qui, quoique très petits en eux-
» mêmes, acquièrent une valeur sensible par les intégrations succes-
» sives ; ce qui exige *un choix avantageux de coordonnées, des*

» *considérations délicates sur la nature des intégrales, des approxi-*
» *mations bien conduites et des calculs faits avec soin et vérifiés*
» *plusieurs fois.* Je me suis attaché à remplir ces conditions dans la
» théorie de la lune que j'ai donnée dans ma *Mécanique céleste*
» (page 217).

. . . .

117. » Les mouvements des nœuds et du périgée de la lune sont
» les principaux effets des perturbations que ce satellite éprouve. Une
» première approximation n'avait donné d'abord aux géomètres que
» la moitié du second de ces mouvements. *Clairaut en conclut que*
» *la loi de l'attraction n'est pas aussi simple qu'on l'avait cru jus-*
» *qu'alors, et qu'elle est composée de deux parties, dont la première,*
» *réciproque au carré des distances, est seule sensible aux grandes*
» *distances des planètes au soleil, et dont la seconde, croissant dans*
» *un plus grand rapport, quand la distance diminue, devient sen-*
» *sible à la distance de la lune à la terre* (pages 218-219).

. . . .

118. » Nos meilleures tables lunaires sont fondées sur la théorie *et*
» *sur les observations.* Elles empruntent de la théorie les arguments
» des inégalités, qu'il eût été très difficile de connaître par les obser-
» vations seules. J'ai déterminé, dans mon *Traité de mécanique*
» *céleste*, les coefficients de ces arguments d'une manière fort ap-
» prochée; *mais le peu de convergence des approximations, et la*
» *difficulté de démêler, dans le nombre immense des termes que*
» *l'analyse développe ceux qui peuvent acquérir par les intégrations*
» *une valeur sensible, rendent très épineuse la recherche de ces coef-*
» *ficients.* La nature elle-même nous offre, dans les recueils d'ob-
» servations, les résultats de ces intégrations si difficiles à obtenir par
» l'analyse. MM. Burkhardt et Burg ont employé à les déterminer
» plusieurs milliers d'observations, et *ils ont ainsi donné une grande*
» *précision à leurs tables lunaires*, etc. (page 231).

. . . .

119. » Quelques partisans des causes finales ont imaginé que la
» lune avait été donnée à la terre pour l'éclairer pendant les nuits.
» Dans ce cas, la nature n'aurait pas atteint le but qu'elle se serait
» proposé, puisque souvent nous sommes privés à la fois de la
» lumière du soleil et de celle de la lune. Pour y parvenir, il eût
» suffi de mettre à l'origine la lune en opposition avec le soleil, dans
» le plan même de l'écliptique, à une distance de la terre égale à la

» centième partie de la distance de la terre au soleil, et de donner
» à la lune des vitesses parallèles proportionnelles à leurs distances à
» cet astre. Alors la lune, sans cesse en opposition au soleil, eût décrit
» autour de lui une ellipse semblable à celle de la terre ; ces deux
» astres se seraient succédé l'un à l'autre sur l'horizon, et comme à
» cette distance la lune n'eût point été éclipsée, sa lumière aurait
» constamment remplacé celle du soleil. » (Page 232, 5ᵉ édition.)

II.

OBSERVATIONS SUR CET EXTRAIT DE L'EXPOSITION DU SYSTÈME DU MONDE.

120. Si mon but était de faire l'examen critique de l'*Exposition du système du monde* et de la *Mécanique céleste* de M. Laplace, j'aurais eu bien d'autres citations à faire ; mais cet examen critique détaillé serait infertile, fastidieux, exigerait beaucoup plus d'espace qu'on ne doit lui en accorder ici. Je me borne donc, pour le moment, à ces quatre paragraphes.

121. Le premier et le troisième montrent suffisamment les difficultés et les longueurs extrêmes de l'application de l'analyse moderne à la recherche et à l'explication des phénomènes astronomiques. Ils prouvent qu'en définitive, il faut recourir aux observations pour contrôler et corriger les résultats obtenus par cette méthode. Or, les observations ne nous font connaître que les mouvements apparents ; c'est donc à l'aide des mouvements apparents que l'on vérifie l'exactitude des tables ou qu'on les corrige. Ces mouvements apparents nous montrent que le soleil et la lune tournent autour de la terre. C'est donc de ce phénomène visible qu'il faut partir, soit que l'on veuille appliquer la géométrie et la mécanique ou l'analyse à l'explication des autres phénomènes qui en dérivent. La plupart des difficultés que les astronomes ont

éprouvées tiennent à ce qu'ils ont substitué une hypothèse à un phénomène ; hypothèse contraire à ce phénomène. Ils sont donc, sans nécessité, partis d'un faux
principe qui les a nécessairement conduits à de fausses
conséquences !

122. Le deuxième paragraphe est fort remarquable,
par la conclusion à laquelle Clairaut avait été conduit ;
conclusion évidemment vraie, d'après l'explication que
j'ai donnée de la cause de la pesanteur et de la gravitation universelle. Puisque le mouvement de la lune
produit, comme nous l'avons vu, deux effets parfaitement
distincts, le vide et le refoulement du fluide. Ce refoulement qui, pour la lune elle-même, se résume en une
pression sur la surface antérieure, se résume également
pour la terre en une pression sur la surface du globe terrestre tournée vers la lune, pression beaucoup plus sensible que celle produite par le refoulement du fluide par
le soleil, parce que la vitesse angulaire de la lune est un
peu plus de treize fois plus grande que celle du soleil.
Nous verrons que ce refoulement joue un rôle important
dans le phénomène des marées.

123. Eh bien ! ce pauvre Clairaut, qui avait eu un
aperçu lumineux, fut à ce sujet très vivement attaqué
par une foule de critiques, parmi lesquels M. de Buffon
figure au premier rang. Ses objections métaphysiques,
très peu concluantes, influencèrent le géomètre, lui firent
remanier ses calculs de manière à introduire de nouveaux
termes pour arriver au résultat connu, donné par les
observations ; en sorte qu'il abandonna l'idée juste
qu'il avait eue, pour en adopter une contraire : ce qui
prouve l'élasticité des séries, des intégrales, auxquelles
on fait dire à peu près ce que l'on veut. Si je devais don-

ner les preuves de cette assertion, les exemples fameux ne me manqueraient pas (1).

124. C'est surtout sur le dernier paragraphe de cette citation que j'appelle la plus sérieuse attention. En le lisant, j'ai été frappé d'un étonnement profond, car il prouve clairement que, malgré les peines infinies que M. Laplace a prises pour reconnaître les inégalités réelles du mouvement lunaire et lui en attribuer d'imaginaires, cet auteur n'a rien compris au rôle important que la lune remplit dans notre système planétaire. En cherchant à prouver qu'elle n'a point été donnée à la terre pour l'éclairer pendant les nuits, en disant que si tel eût été son but, *la nature* l'aurait manqué, M. Laplace paraît complétement méconnaître l'*auteur de la nature*, ce qui n'est pas très étonnant de la part des *attractionnistes matériels*. Cette espèce d'attraction, cette puissance occulte attribuée à la matière a fait et devait faire beaucoup d'athées parmi les disciples les plus zélés de Newton, tels que Lalande et autres. Si M. Laplace avait connu la véritable mission de la lune, il n'eût certainement pas employé ce mot malencontreux de *nature* au lieu de ceux d'*auteur de*

______

(1) Je suis loin d'être un adversaire systématique de l'analyse, j'aime beaucoup l'analyse appliquée à la manière de Descartes et de Monge, à des questions de géométrie, de mécanique, et à certaines parties des sciences physico-mathématiques. Ce que je blâme, c'est l'abus, c'est la manie de cette science, qui fait qu'on en veut mettre partout, même dans les questions qui sont le moins susceptibles d'être traités par cette méthode; ce que je repousse, c'est la prétention de certains *manœuvres infinitésimaux*, qui se croient des savants bien profonds parce que, à force de faire des additions, des soustractions, et d'abrutir leur intelligence dans la contemplation des séries différentielles, ils parviennent à faire quelques intégrations stériles, qui ne les conduisent à aucun résultat pratique, mais à de faux résultats, comme on le verra dans le chapitre des *Comètes*.

la nature; car les mouvements de la lune sont la preuve
la plus évidente de l'existence du céleste horloger qui a
combiné et imprimé ces mouvements.

125. L'auteur de la *Mécanique céleste* et de l'*Exposition du système du monde* a essayé de donner une leçon
à *la nature*, en indiquant comment *elle* aurait dû s'y
prendre pour que la lumière de la lune remplaçât constamment celle du soleil. Son moyen est curieux.

« *Pour y parvenir, il eût suffi, dit-il, de mettre à l'ori-*
» *gine la lune en opposition avec le soleil, dans le plan*
» *même de l'écliptique, à une distance égale à la centième*
» *partie de la distance de la terre au soleil, et de donner à*
» *la lune et à la terre des vitesses parallèles proportion-*
» *nelles à leurs distances à cet astre.* »

126. Voilà certes un admirable moyen de faire succéder la lune au soleil sur l'horizon. M. Laplace n'oublie
qu'une chose, c'est de nous dire comment, en plaçant le
soleil fixe au centre de l'écliptique et laissant constamment la lune en opposition avec le soleil, il eût donné à
la lune et à la terre des vitesses parallèles, proportionnelles à leurs distances au soleil, et ce qui serait résulté
de la permanence de l'opposition de la lune?

127. Puisqu'il n'a pas pris la peine de faire cet examen, je vais le faire pour lui. Quand la lune est en opposition avec le soleil, elle se trouve attirée en même
temps par la terre et par le soleil dans la même direction : par conséquent, elle doit se rapprocher de la terre
par un mouvement accéléré, en même temps que la terre
se rapprocherait d'elle si l'attraction lunaire était plus
grande que l'attraction solaire, et elle le deviendrait nécessairement par le rapprochement; en sorte que la lune
et la terre ne feraient bientôt plus qu'un seul corps qui

viendrait se jeter dans le soleil. Le moyen d'empêcher cette réunion et cette chute serait l'application de forces tangentielles perpendiculaires à la direction du commun rayon vecteur. Où M. Laplace trouverait-il ces forces? Il n'y aurait qu'un moyen de se les procurer, ce serait de créer au moins une autre lune, qui tournerait en même temps autour de l'ancienne et de la terre, ou deux lunes tournant l'une autour de la terre, l'autre autour de la lune de M. Laplace. Je ne m'amuserai pas à rechercher tous les inconvénients qui pourraient résulter de cette nouvelle création; il en est un assez grave, c'eût été de forcer l'auteur de la *Mécanique céleste* à composer quelques volumes de plus, à chercher de nouvelles équations différentielles, et à multiplier ses laborieuses intégrations!

128. Quelle conséquence tirerons-nous de cet examen? Celle que nous avons déjà tirée : c'est que, fût-on Newton, Laplace ou Garo, on doit se borner à comprendre le mieux possible l'œuvre de Dieu, en profitant de ce qu'il a bien voulu mettre à la portée de nos sens et de notre intelligence, et non substituer les élucubrations de nos faibles cerveaux aux brillantes conceptions de celui qui, d'un coup d'œil, embrasse l'immensité de l'univers.

III.

PREMIÈRE APPROXIMATION DE L'ORBITE DÉCRITE PAR LA TERRE.

129. D'après la *Connaissance des temps*, le 31 décembre et le 0 janvier de chaque année, le demi-diamètre du soleil est de 16′17″79 : c'est le plus grand de l'année; par conséquent, c'est le 31 décembre que le soleil est le plus rapproché de la terre. Sa déclinaison australe est alors de 23° 6′ 57″,6, ce qui indique qu'il retourne vers son tropique boréal.

130. Le 4 juillet, le demi-diamètre du soleil est seulement de 15′45″,50 ou 51 centièmes : c'est le plus petit de l'année ; par conséquent, le 4 juillet, le soleil est à sa plus grande distance de la terre. Sa déclinaison boréale est alors de 22° 54′ 27″,9, le soleil retourne vers son tropique austral. Il emploie par conséquent 180 jours pour passer de sa plus grande à sa plus petite distance, et environ 185 jours pour passer de sa plus petite à sa plus grande distance. Nous en verrons bientôt la cause. Nous savons que la différence entre ces deux distances est de 1 154 508 lieues, dont la 180ᵉ partie est de 6 414 lieues ; indiquant le rapprochement journalier moyen de la terre vers le soleil.

131. Pour peu que l'on réfléchisse, il est facile de reconnaître que cette différence entre les distances extrêmes est presque entièrement due à un mouvement de translation de la terre qui la rapproche et l'éloigne alternativement du centre de l'orbe solaire. En effet, en admettant l'attraction proportionnelle aux masses, telle que Newton la donne, en supposant que la masse du soleil n'est que 169 280 fois plus grande que celle de la terre, il en résulterait que l'attraction du soleil sur la terre serait 169 280 fois plus grande que celle de la terre sur le soleil ; par conséquent, pendant que la terre ferait 169 280 lieues vers le soleil, le soleil ne ferait qu'une lieue vers la terre. Si le rapprochement avait lieu en ligne droite, pendant que la terre franchirait les 1 154 508 lieues de différence, le soleil n'en franchirait que 7 et environ un quart.

132. Si l'on prenait la masse du soleil calculée par Laplace, au lieu de celle calculée par Newton, la terre ferait 354 936 lieues vers le soleil, tandis que le soleil ne ferait qu'une lieue vers la terre ; d'où il suit que les attractions réunies de la terre et de la lune ne peuvent

modifier sensiblement la forme de l'orbe solaire : les différences de distances dont nous venons de parler tiennent donc à ce que la terre change de position par rapport au centre de cet orbe.

133. Il ne peut rester aucun doute à cet égard si l'on considère que la distance moyenne a toujours lieu environ dix jours après l'équinoxe du printemps et dix jours après l'équinoxe d'automne, ainsi que cela est constaté par les demi-diamètres consignés dans la *Connaissance des temps*.

134. Ainsi, voilà le phénomène réduit à sa plus simple expression. *La terre est à très-peu près au centre de l'orbe solaire, vers les équinoxes, et s'en éloigne à mesure que le soleil se rapproche des solstices.*

Voyons par quelle admirable combinaison l'architecte de l'univers produit ces effets.

IV.

EFFETS PRODUITS PAR LES ATTRACTIONS SOLAIRE ET LUNAIRE DANS LE PREMIER QUART DE RÉVOLUTION TROPIQUE, COMPTÉ A PARTIR DE L'ÉQUINOXE D'AUTOMNE.

135. En 1852, la lune a traversé l'équateur le 15 septembre, marchant vers son tropique austral. En 1853, la lune a traversé l'équateur le 5 septembre, marchant également vers son tropique austral. L'équinoxe d'automne lunaire de 1853 a donc précédé de dix jours l'équinoxe d'automne lunaire de 1852.

136. En 1854, la lune, marchant vers son tropique austral, a traversé l'équateur le 26 août; son équinoxe d'automne a donc encore précédé celui de 1853 de dix jours. Par suite de cette anticipation, la lune s'est

retrouvée dans l'équateur, marchant vers son tropique austral, le 22 septembre, c'est-à-dire que cet équinoxe d'automne de la lune a eu lieu le même jour que l'équinoxe d'automne solaire. Partons de ce point pour suivre la marche des deux astres et apprécier leur action sur le mouvement de translation de la terre placée à peu près à sa distance moyenne du soleil, c'est-à-dire au centre de l'écliptique.

137. Dans cet état des choses, l'attraction du soleil et celle de la lune agiront dans le même sens et tireront la terre dans la direction de la ligne des nœuds, vers le nœud descendant.

Mais la lune et le soleil ne restent qu'un instant dans l'équateur et passent immédiatement dans l'hémisphère austral.

138. Le soleil reste pendant quatre-vingt-dix jours dans le premier quart à partir de l'équinoxe. Quelle que soit la résultante de toutes ses attractions sur la terre, cette résultante se trouve nécessairement dans l'angle formé par l'axe des équinoxes et l'axe des solstices, que nous prendrons pour axes des x et des y, en comptant les x positifs du centre vers le nœud descendant, les x négatifs du centre vers le nœud ascendant, les y positifs du centre vers le tropique austral, les y négatifs du centre vers le tropique boréal.

139. La décomposition des attractions solaires suivant ces deux axes indique que les composantes suivant les y qui tirent la terre vers le tropique austral augmentent à mesure que l'angle formé par le rayon vecteur solaire avec l'axe des x devient plus grand, tandis que les composantes dirigées suivant l'axe des x diminuent. Quand le soleil arrive à son tropique austral, toute son attrac-

tion est dirigée suivant l'axe des y, et la composante suivant l'axe des x est égale à zéro. On voit donc que chaque jour, depuis l'équinoxe d'automne jusqu'au solstice d'hiver, le soleil a constamment attiré la terre vers le tropique austral, et que c'est en partie par suite de cette action continue que la terre est passée de sa distance moyenne à sa plus petite distance.

140. Pendant que le soleil décrit à peu près un degré de son écliptique chaque jour, la lune parcourt environ 13 degrés de son orbite autour de la terre; par conséquent, après sept jours, elle a parcouru environ 91 degrés. Toutes les attractions lunaires pendant ces sept jours, décomposées suivant les axes des x et des y, donnent des x et des y positifs; par conséquent, l'action lunaire s'est jointe à l'action solaire pour opérer le rapprochement de la terre du soleil.

141. A partir du huitième au quatorzième jour, la lune se trouve dans le second quart de son orbite. Ses attractions, décomposées suivant les axes, donnent les y positifs et les x négatifs; par conséquent, pendant ce deuxième quart de révolution, la lune a continué à tirer la terre vers le tropique austral; mais, au lieu de tirer la terre vers le nœud descendant, elle l'a tirée vers le nœud ascendant, et, par conséquent, a tendu à la rapprocher de l'axe des y en détruisant en partie l'accélération causée suivant l'axe des x pendant les sept premiers jours.

142. Remarquons, en passant, que si le soleil et la lune eussent marché du même pas angulaire et fussent restés pendant quatre-vingt-dix jours dans le même quart de leur révolution, leurs attractions étant des forces accélératrices continues, elles eussent fait parcourir à la terre des espaces proportionnels aux carrés des temps, ce qui,

comme je l'ai dit plus haut (n° 127), eût promptement amené la chute de la lune et de la terre sur le soleil. Aussi l'Éternel, meilleur mécanicien que M. Laplace, s'est-il bien gardé d'imprimer à la terre et à la lune des vitesses parallèles et de les laisser constamment en conjonction, ou en opposition. Il leur a imprimé des vitesses très différentes, afin d'empêcher l'accélération de devenir excessive, soit pour la terre, soit pour la lune. Les accélérations et les retards ont été ménagés avec un tact infini, avec une science aussi simple que profonde, parfaitement accessible à l'intelligence humaine.

143. Le huitième jour, la lune n'est que de quelques degrés dans son second quart de révolution ; la composante négative suivant l'axe des x est très faible et à peine sensible, puis elle augmente progressivement, sans choc, jusqu'au quatorzième jour, où l'attraction lunaire est tout entière dirigée suivant les x négatifs et fait équilibre à l'attraction qui avait eu lieu au départ de l'équinoxe.

144. Le même mécanisme se reproduit par rapport aux composantes de l'attraction vers le tropique austral ; mais l'accélération suivant les y positifs se soutient pendant quatorze jours, au lieu de sept. Ce n'est que le quinzième jour que la lune se trouve dans le troisième quart de sa révolution ; alors les x et les y sont négatifs, l'attraction lunaire continue à rapprocher la terre de l'axe des y et commence à ralentir l'accélération du mouvement vers le tropique austral.

145. Les y continuent à être négatifs pendant les quatorze jours suivants ; ils augmentent du quatorzième au vingt et unième jour, et diminuent du vingt et unième au vingt-huitième. Ainsi, pendant ces quatorze derniers jours, l'attraction lunaire a détruit l'accélération qu'elle

avait produite dans les quatorze premiers, vers le tropique austral, et, quand la lune se retrouve à son équinoxe d'automne, son attraction recommence à agir comme s'il n'y avait eu aucune accélération pendant la révolution entière.

146. Les composantes suivant l'axe des x, qui avaient été négatives dans les deuxième et troisième quarts de révolution, redeviennent positives dans le quatrième quart et tirent de nouveau la terre vers le nœud descendant.

147. On voit, par l'examen auquel je viens de me livrer, que la lune est un admirable régulateur du mouvement de la terre ; qu'elle remplit, ainsi que je l'ai déjà dit, le rôle des échappements dans les horloges et dans les montres, mais d'une manière beaucoup plus parfaite, par un mouvement continu, au lieu du mouvement alternatif, qui ne peut avoir lieu sans choc.

148. On voit aussi, par cet examen, que le mouvement de la terre et celui des corps célestes ne sont pas, ainsi que l'ont supposé Newton et ses sectateurs, produits par une impulsion tangentielle donnée une fois pour toutes, combinée avec une attraction centrale fixe ; cette force tangentielle se reproduit et varie continuellement, suivant les positions de l'astre dont le mouvement engendre l'attraction.

149. Nous pouvons donc conclure, qu'autant l'astronomie d'observation et de pratique est parfaite, autant l'astronomie théorique est erronée, et qu'une révision générale des principes de cette science est indispensable.

150. Revenons à l'orbite de la terre. Nous venons de voir que, dans un peu moins de vingt-huit jours, la lune

avait accompli, autour d'elle, une révolution complète ;
pendant ces vingt-huit jours, le soleil a parcouru, dans
son orbite, environ 28 degrés ; par conséquent à l'équinoxe lunaire, le soleil se trouve en avance de 28 degrés
sur la lune. Si le soleil parcourait exactement un degré
et la lune 13 degrés par jour, après trente jours le soleil
et la lune se retrouveraient en conjonction. Dans les
trente jours suivants la lune exécuterait une nouvelle
révolution complète, plus 30 degrés, le soleil aurait de
nouveau parcouru 30 degrés et se retrouverait en conjonction avec la lune. Enfin, après quatre-vingt-dix jours
la lune aurait fait trois révolutions complètes autour de
la terre, plus 90 degrés, elle serait arrivée à son tropique austral, ainsi que le soleil, et l'on aurait la conjonction tropicale ; mais la lune parcourt en moyenne
$13^\circ 13' 35''$, d'où il suit qu'elle arrive à son tropique
austral avant que le soleil ait atteint le sien. Le quatre-
vingt-dixième jour, la lune se trouve donc de plusieurs
degrés dans le deuxième quart (austral oriental) de son
orbite. Son attraction décomposée suivant les axes donne
les y positifs et les x négatifs, par conséquent, elle amène
la terre dans l'hémisphère oriental avant que le soleil y
soit parvenu. Il y a *Précession* des lunistices, produite
par les $13' 35''$ que la lune parcourt en plus de 13 degrés
par jour. Par suite de cette précession, le soleil doit
paraître rétrograder d'orient en occident.

151. Cette explication, extrêmement simple, de la précession des lunistices est aussi celle de la rétrogradation
des nœuds qui a donné tant de peines à d'Alembert, et
sur laquelle on a écrit des volumes.

152. En 1854, la lune, qui avait percé l'équateur, le
22 septembre, un peu après minuit, est arrivée à sa plus
grande déclinaison australe le 20 décembre vers midi ;

5

elle a donc précédé le soleil d'environ deux jours et demi au tropique d'hiver.

153. La terre, que nous avons d'abord placée dans l'équateur, au centre de l'orbe solaire, a donc été ramenée par les attractions combinées du soleil et de la lune dans l'axe des solstices, en moins de quatre-vingt-dix jours. Elle se trouvait alors près de sa plus courte distance au soleil, mais n'y était pas encore arrivée, puisque le demi-diamètre de cet astre a continué à augmenter jusqu'au 31 décembre.

154. Nous avons constaté que les trois révolutions complètes de la lune avaient pour but de régulariser le mouvement de la terre, en détruisant l'accélération du mouvement vers le soleil, et qu'il n'y avait que les quatre-vingt-dix degrés en plus, qui se combinaient avec le mouvement solaire pour opérer la translation de notre globe, à très peu près comme s'il n'y avait qu'une seule attraction, égale à la somme des deux, constamment dirigée suivant le rayon vecteur du soleil et forçant, par conséquent, la terre à cheminer sur ce rayon vecteur, en parcourant des espaces à peu près proportionnels au temps. Dans cette hypothèse, lorsque le soleil est arrivé, le quarante-cinquième jour, à 45 degrés de l'axe des x, la terre aurait parcouru la moitié de la différence entre la distance moyenne et la plus courte distance du soleil à la terre. La terre se trouverait donc à fort peu près sur la demi-circonférence dont le diamètre est égal à cette différence, c'est-à-dire près de 577 254 lieues ; il est bien entendu que je fais abstraction de l'espace parcouru, du 22 au 31 décembre, dont je m'occuperai bientôt.

155. En faisant également et provisoirement abstraction des modifications produites dans l'orbite de la terre, par les révolutions régulatrices de la lune, nous pouvons,

commé première approximation, conclure que : *par les attractions combinées du soleil et de la lune, tandis que le soleil passe de l'équinoxe d'automne au solstice d'hiver, la terre décrit une demi-circonférence ou une demi-ellipse, dont le diamètre approche de 577254 lieues, qui la transporte du centre de l'écliptique ou de sa distance moyenne à sa plus courte distance du soleil.*

156. Si nous suivions maintenant les mouvements du soleil et de la lune, à partir du tropique austral, nous serions conduit à conclure que, durant le passage du soleil de son tropique d'hiver à l'équinoxe du printemps, la terre serait ramenée à sa distance moyenne, c'est-à-dire très près du centre de l'écliptique.

157. Nous serions également conduit à conclure que, durant le passage du soleil de l'équinoxe du printemps au tropique d'été, la terre s'éloignant de cet astre, est ramenée par la lune vers son tropique austral jusqu'à 577 254 lieues du centre de l'écliptique.

158. Enfin nous reconnaîtrions que durant le passage du soleil de son tropique d'été à l'équinoxé d'automne, la terre se trouve de nouveau ramenée vers le centre de l'écliptique où nous l'avions d'abord trouvée.

159. Ce qui précède suffirait à la rigueur, pour les savants de bonne volonté, qui cherchent, avant tout, la vérité dans les sciences et ne croient pas leur honneur intéressé au triomphe des erreurs par cela seul qu'elles sont anciennes, et ont été adoptées par des hommes considérés à tort ou à raison comme des êtres supérieurs. Mais les simples amateurs, peu habitués à se représenter les mouvements des corps dans l'espace, auraient peut-être de la peine à suivre, sans figures, des raisonnements assez délicats et les conséquences importantes qui s'en

déduiront ; je vais, pour plus de clarté, matérialiser en quelque sorte ma démonstration en la traduisant géométriquement, d'après les données consignées dans la *Connaissance des temps pour l'année* 1856.

160. C'est donc avec les armes que fournissent les coperniciens les plus fervents, les astronomes composant le bureau des longitudes, que je vais, porter le coup le plus décisif au système de la translation de la terre sur l'écliptique, en montrant que, d'après les forces qui la mettent en mouvement, il est impossible à la terre de s'écarter du centre de l'orbre solaire d'une quantité plus grande que la moitié de la différence entre la plus grande et la plus petite distance du soleil à la terre.

V.

CONSTRUCTION GÉOMÉTRIQUE DE L'ORBITE DE LA TERRE, D'APRÈS LES DONNÉES CONSIGNÉES DANS LA *Connaissance des temps pour l'an* 1856 (1).

161. Soit C le centre de l'écliptique, YY' l'axe des tropiques, XX' l'axe des équinoxes (intersection du plan de l'écliptique avec le plan de l'équateur). D'après ce que

---

(1) Il a paru en 1806 un volume de 432 pages, avec huit figures, ayant pour titre : *Découverte de l'orbite de la terre*, par D'Aguila, ancien élève du Génie. Cet ouvrage renferme une idée juste et féconde, noyée dans beaucoup de hors d'œuvre et de déclamations.

L'auteur nous apprend que, malgré sa bonne volonté, « *n'ayant » pu forcer sa raison à adopter l'hypothèse du soleil fixe et de l'é- » cliptique métamorphosée en ellipse pour servir à la course annuelle » de la terre, emportée sur cette courbe immense, il avait été conduit » à penser que la terre avait une orbite particulière et que le soleil » avait la sienne sur l'écliptique.* » (Préface VIII et XIII.)

Je le répète, cette idée était juste et féconde ; malheureusement l'auteur ne connaissant pas la cause de la pesanteur à la surface de la terre, déclare que, « *pour lui, le plein et le vuide, l'attraction, la pression et la répulsion, les cieux solides de pierres ou de cristal,*

nous avons dit (n⁰ˢ 131, 132), le point C peut être considéré, sans erreur sensible, comme étant à la distance moyenne de tous les points de l'orbe solaire XY X'Y'. *Voy.* la planche ɪɪ, fig. 1.

162. De ce centre C et avec un rayon égal à la moitié de la différence entre la plus grande et la plus petite distance du soleil à la terre, c'est-à-dire 577 254 lieues, décrivons une circonférence de cercle *a b d e* parallèle à

---

les tourbillons, la gravitation, les épicycles, les orbites en ellipses ou en ovales ne furent plus que des idéalités. » (préface page ᴠɪɪ.)

En rangeant la gravitation universelle dans la classe des rêveries à l'aide desquelles on a cherché à expliquer le système du monde, l'auteur a prouvé qu'il n'avait aucune idée des forces qui mettent la terre et les corps célestes en mouvement et leur font décrire les orbites dont il reconnaît l'existence. Privé de cette connaissance indispensable, il a placé son orbite de la terre à l'aventure, au gré de son imagination ; il l'a mise dans le plan de l'équateur qui fait avec le plan de l'écliptique un angle de 23ᵇ 1/2. Cette idée est évidemment erronée, puisque le soleil se meut sur l'écliptique, puisque la lune se meut dans un plan qui oscille au-dessus et au-dessous de celui de l'écliptique depuis zéro jusqu'à 5° 1/2 ; il est évident que la terre ne peut s'en écarter que très peu et d'autant moins que l'attraction lunaire qui tend à soulever la terre au-dessus de ce plan pendant quatorze jours est détruit par l'action contraire, qui a lieu pendant les quatorze jours suivants. Il ne peut donc y avoir pour l'orbite de la terre que des oscillations beaucoup moins grandes que celles de l'orbite de la lune ; et l'on peut, sans erreur sensible, placer l'orbite de la terre dans le plan de l'écliptique.

M. D'Aguila s'est donc trompé sur la forme et la position de l'orbite de la terre, mais au moins il a eu le mérite de sortir de l'ornière creusée par Copernic et approfondie par ses successeurs, dans laquelle tant de bons esprits ont été ensevelis. J'ai considéré comme un devoir de signaler cette tentative d'un homme assez dévoué à la science et à la vérité, pour leur avoir consacré ses faibles et dernières ressources pécuniaires. Honneur aux efforts tentés pour éclairer l'espèce humaine, alors même que ces efforts sont infructueux en partie ou en totalité !

l'écliptique. Il est visible que cette circonférence fixera la limite dans laquelle l'orbite de la terre sera renfermée. En effet, lorsque la terre sera au centre de ce cercle, le soleil sera à sa distance moyenne, quel que soit le point de la circonférence de l'écliptique où il se trouve. Lorsque le soleil et la terre seront en opposition par rapport au centre, comme en SCT, le soleil sera à sa plus grande distance, puisqu'elle se composera de la distance moyenne plus la demi-différence. Quand le soleil et la terre seront en conjonction par rapport au centre comme en ST'C, le soleil sera à sa plus courte distance de la terre, c'est-à-dire à la distance moyenne moins la demi-différence.

163. Nous avons déjà dit (n° 129 et 130) que, d'après la connaissance des temps, le soleil se trouve à sa plus grande distance de la terre vers le 4 juillet. Le 4 juillet 1856 la longitude du soleil à midi moyen était de 102°, 36',12",0. La terre ne lui était pas diamétralement opposée, elle était un peu en avant du rayon vecteur solaire, attendu que la conjonction du soleil et de la lune a eu lieu le 2 juillet.

164. Nous avons dit aussi que le soleil arrive à sa plus courte distance de la terre vers le 31 décembre. Le 31 décembre 1855 la longitude du soleil était de 279°, 17',50",1, celle de la terre était un peu moins grande, attendu qu'elle était en arrière du rayon vecteur solaire puisque la conjonction n'a eu lieu que le 7 janvier. Mais ces différences sont peu considérables ; les positions de la terre sont, à quelques degrés près, les mêmes pour le soleil apogée et pour le soleil périgée, en sorte que si nous prolongeons le rayon vecteur du 4 juillet, faisant avec l'axe des équinoxes un angle de 102°,36',12"0 jusqu'à sa rencontre avec l'orbite de la terre près de son

tropique austral, la terre sera en avance sur le soleil et si nous menons le rayon vecteur solaire du 31 décembre 1855 faisant un angle de 279°,17′,50″,1 avec le rayon vecteur de l'équinoxe du printemps, la terre se trouvera en retard sur le soleil périgée.

165. Pour embrasser l'ensemble des mouvements du soleil, de la lune et de la terre pendant cette année 1856, nous allons partir de la position du soleil périgée, le suivre jusqu'à son arrivée à sa position apogée et continuer jusqu'à son retour au périgée.

166. Sur la figure première de la planche 2, la petitesse de l'échelle de l'orbe solaire $XY\,X'Y'$ nous a forcé d'exagérer les dimensions de l'orbite décrite par la terre; car son diamètre n'étant qu'environ un soixante-troisième du rayon de l'écliptique, il eût été impossible de la représenter d'une manière sensible à cette échelle. Mais sur la figure 2 de la même planche, nous avons pris une échelle beaucoup plus grande, en supprimant l'écliptique, que le lecteur doit se représenter à une distance du centre d'environ 63 diamètres de l'orbite de la terre; nous donnons à ce diamètre 90 millimètres, afin que chaque millimètre représente le rapprochement ou l'éloignement moyen journalier de la terre, du soleil.

167. Cela posé, remarquons que dans les oppositions et dans les conjonctions du soleil et de la lune, les trois corps peuvent être considérés comme étant en ligne droite, quoique, à la rigueur, cela ne soit vrai que pour les oppositions ou les conjonctions accompagnées d'éclipses de soleil ou de lune. A l'aide des conjonctions et des oppositions luni-solaires, nous connaîtrons donc à très peu près les lignes sur lesquelles la terre sera placée, et, dans le passage du soleil du périgée à la distance moyenne, en ajoutant autant de millimètres qu'il se sera

écoulé de jours depuis le 31 décembre 1855 jusqu'au jour de la conjonction ou de l'opposition que l'on considérera, on aura la distance dont la terre se sera éloignée du soleil, et rapprochée du centre de l'écliptique.

1er *Exemple*.

168. La conjonction ou nouvelle lune a eu lieu le 7 janvier 1856. Le 7 janvier à midi moyen la longitude du soleil était de 286°,26′. La terre était donc sur le rayon vecteur du 7 janvier, ou au moins très près de ce rayon; la longitude correspondante de la terre était à peu près 286°,26′. Si nous comptons sept jours d'intervalle, en négligeant les fractions, il faudra porter sur le rayon vecteur cт′, à partir du cercle parallèle à l'écliptique, 7 millimètres ou, ce qui revient au même, porter 83 millimètres à partir du centre de l'écliptique sur le rayon correspondant à la longitude du 7 janvier.

2e *Exemple*.

169. L'opposition ou pleine lune a eu lieu le 22 janvier 1856. Le 22 janvier la longitude du soleil à midi moyen était de 301°,42′. La terre était donc très près du rayon vecteur correspondant à cette longitude. Pendant les 22 jours qui séparent le 31 décembre 1855 du 22 janvier 1856 la terre s'est rapprochée du centre de 22 millimètres, elle n'en est donc plus qu'à 68 millimètres, au point T‴ pris sur le rayon cт″.

3e *Exemple*.

170. Tant que la terre n'est pas arrivée à sa distance moyenne, c'est-à-dire depuis le 31 décembre jusqu'au 31 mars, le soleil et la terre sont en conjonction par rapport au centre de l'écliptique, mais, après le 31 mars, la terre continuant à s'éloigner du soleil, qui marche vers

son tropique boréal, c'est sur le prolongement du rayon vecteur solaire qu'il faut porter, à partir du centre, autant de millimètres qu'il y a de jours d'intervalle après le 31 mars; ainsi, la nouvelle lune a eu lieu le 5 avril 1856, le 5 avril la longitude du soleil a été de 15°,53', la terre était donc sur le prolongement du rayon vecteur mené du centre à 15°,53' et à 5 millimètres de ce centre.

171. Il est facile de voir pourquoi la terre, arrivée à sa distance moyenne, au centre, de l'écliptique, quelques jours après l'arrivée du soleil à l'équinoxe du printemps; retourne vers le sud, au lieu de suivre le soleil dans l'hémisphère boréal. En effet, le 20 mars 1856 à midi moyen, la longitude du soleil était de 0°,4',58''9. La composante de son attraction suivant l'axe des y était donc extrêmement petite et presque nulle.

Le 20 mars la longitude de la lune était de 167°, 20',53'',8. L'attraction lunaire décomposée suivant les axes donne les x positifs et les y négatifs proportionnels aux cosinus et au sinus d'environ 12°,40', par conséquent cette attraction fait pénétrer la terre dans l'hémisphère boréal en la rapprochant du centre; mais dès le 22 mars, quand le soleil est à 2°,3',55'',6 de longitude, la lune se trouve à 190°,59',44'', 6 de longitude: il s'ensuit que l'attraction solaire décomposée suivant les axes donnerait des y négatifs proportionnels au sinus de 2°,3',55'',6, tandis que l'attraction lunaire décomposée suivant les mêmes axes donnerait les y positifs, proportionnels au sinus de 10°,59',44'',6. La composante de l'attraction lunaire suivant les y positifs, qui ramène la terre vers son tropique austral, est donc beaucoup plus grande que la composante du soleil suivant les y négatifs qui l'attire vers l'hémisphère boréal, et comme les y de l'attraction lunaire augmentent beaucoup plus rapidement que les y négatifs de l'attraction solaire, la terre pénètre dans l'hémisphère austral pendant les douze ou treize jours qui lui sont nécessaires pour revenir au point où la rétrogradation doit commencer vers les y négatifs; cette rétrogradation continue pendant que la lune est dans ses déclinaisons boréales, mais le mouvement redevient direct vers le tropique austral, quand la longitude de la lune a suffisamment dépassé 180 degrés.

172. Si, de 1856, nous remontons à 1855, nous trouvons que le 21 mars, à midi moyen, la longitude du soleil était de 0°, 19', 11", 8. La longitude de la lune était de 43°, 43', 4", l'attraction lunaire décomposée suivant les axes, donne les y négatifs proportionnels au sinus de 43°, 43', 4" et les x également négatifs proportionnels au cosinus du même angle : la lune fait donc pénétrer la terre dans l'hémisphère boréal, et agit dans le même sens que le soleil, les y lunaires restent négatifs jusqu'au 1er avril, mais, ce jour, entre midi et minuit, la longitude de la lune atteint 180°; le 2 avril, à midi, la longitude de la lune est de plus de 190°; les y sont positifs ainsi que les x. La lune ramène la terre vers le centre dès que son attraction l'emporte sur celle du soleil, suivant les x et les y. Les y restent positifs jusqu'au 14 avril, mais la rétrogradation suivant les y commence un peu avant, parce que la longitude du soleil étant de près de 24°, la composante de son attraction suivant les y négatifs l'emporte sur la composante de l'attraction lunaire suivant les y positifs, un jour ou deux avant que la lune atteigne l'hémisphère austral.

173. Si nous remontions à 1854, nous trouverions le 21 mars, le soleil à 0°, 33' 28", 8 de longitude et la lune à 267°, 10', 32", 3; par conséquent les y positifs de l'attraction lunaire approchent du sinus total, tandis que

les x négatifs de l'attraction solaire sont presque nuls, la terre est donc ramenée vers le tropique austral, ainsi de suite.

Il est donc bien démontré que la terre pénètre très peu dans l'hémisphère boréal, parce que, quand elle arrive à l'équateur, la composante de l'attraction solaire vers le tropique boréal est presque nulle, qu'elle ne croît que proportionnellement à 1 degré par jour, tandis que la composante de l'attraction lunaire suivant les y positifs croît beaucoup plus rapidement.

La méthode de construction de l'orbite est donc justifiée de tout point.

174. C'est en suivant cette marche très simple, que nous avons construit la courbe $TT'...T^v$, décrite par la terre depuis le 31 décembre 1855 jusqu'au 4 juillet 1856, c'est-à-dire pendant le passage du soleil de son périgée à son apogée. Cette courbe satisfait d'une manière complète aux données de la connaissance des temps, pour le mouvement moyen apparent du soleil, puisque d'après ce mouvement de la terre, nous trouvons le soleil périgée le 31 décembre de chaque année, le soleil apogée le 4 juillet, et que pour chaque jour des six premiers mois de l'année, nous le voyons aux distances correspondantes aux diamètres moyens calculés.

175. Il est évident que la même marche nous donnera la courbe décrite par la terre pendant le passage du soleil de son apogée à son périgée, et que cette courbe satisfera complétement à toutes les apparences du moyen mouvement du soleil, sans qu'il soit nécessaire de recourir aux ellipses de Kepler, ni au transport de la terre sur l'écliptique. Nous allons voir d'ailleurs pourquoi l'orbe solaire nous paraît de forme elliptique.

176. En jetant un coup d'œil sur l'orbite que nous ve-

nons de trouver, on voit que, dans l'espace de six mois, la terre partie du point T le 31 décembre 1855, et arrivée au point T' le 4 juillet 1856, a fait un tour complet du zodiaque et un peu plus de deux degrés ; que les deux branches de la courbe qu'elle a décrite se sont croisées près des deux points où elle donne le soleil apogée et le soleil périgée ; mais en suivant la courbe qu'elle décrit pendant que le soleil passe de son apogée à son périgée. On voit que la branche décrite pendant le passage du soleil de l'équinoxe de printemps au solstice d'été, se trouve complétée par celle décrite pendant le passage du soleil du tropique d'été à l'équinoxe d'automne, et que la branche décrite pendant le passage du soleil de l'équinoxe d'automne au solstice d'hiver, est complétée par celle décrite pendant le passage du soleil du solstice d'hiver à l'équinoxe du printemps ; d'où résulte cette conséquence.

177. Pendant que le soleil exécute sa révolution tropique annuelle, et que la lune exécute treize révolutions tropiques, la terre exécute deux révolutions tropiques complètes, qui la portent alternativement du centre de l'écliptique jusqu'à 577254 lieues dans l'hémisphère austral, où se trouve son tropique de ce nom. Son tropique boréal se trouve très près du centre de l'écliptique et pénètre très peu dans l'hémisphère boréal.

178. Cette conséquence nous fournit l'explication de la forme elliptique apparente de l'orbe solaire ; alors même que cet orbe serait circulaire, il ne nous paraîtrait pas tel, puisque, transportés sur la terre, nous sommes constamment à des distances plus ou moins éloignées du centre de ce cercle, excepté vers le 31 mars et vers le 2 octobre, et que le centre moyen des positions que nous occupons successivement, se trouve à environ 288627 lieues du centre de l'écliptique.

VI.

RÉTROGRADATIONS DE LA TERRE PENDANT QU'ELLE EXÉCUTE DES RÉVOLU-
TIONS TROPIQUES.

179. En construisant les orbites décrites par la terre,
pour satisfaire aux données du mouvement moyen., j'ai
dû supposer que le rapprochement ou l'éloignement de
notre globe du centre de l'écliptique était le même chaque
jour. Il suffit de jeter un coup d'œil sur les positions respectives du soleil et de la lune, par rapport à la terre,
pour reconnaître que les choses ne se passent pas ainsi
dans la réalité. En effet, quand le soleil et la lune sont
en conjonction, la terre est attirée vers le soleil par la
somme des attractions des deux astres. Au contraire,
lorsque le soleil et la lune sont en opposition, la terre est
attirée par la différence entre l'attraction lunaire et l'attraction solaire; la première l'emporte évidemment sur la
seconde, puisque le diamètre apparent de la lune est un
peu plus grand que celui du soleil, et que la vitesse angulaire de la première est environ treize fois plus grande que
celle du second; d'où il résulte qu'à 13 à 14 jours d'intervalle, la terre est attirée dans deux sens directement
opposés, si le premier est direct le second est rétrograde,
et réciproquement.

180. D'un autre côté, l'angle formé par les directions
des attractions solaire et lunaire variant à chaque instant,
la diagonale du parallélogramme formé sur ces directions
change à chaque instant de grandeur et de direction et
fait par conséquent parcourir à la terre des espaces iné-
gaux dans des temps égaux. La résultante est la plus
grande à la conjonction, la plus petite à l'opposition; elle
diminue de la conjonction à l'opposition et augmente de
l'opposition à la conjonction.

181. Pour rendre plus simple et plus clair ce que nous avons à dire sur les rétrogradations de la terre, reprenons nos trois corps au moment de la conjonction du 7 janvier 1856, et supposons la terre en T', point que nous avons trouvé pour le mouvement moyen.

182. Le 8 janvier, à midi moyen, la longitude du soleil a été de $287^o,27',25''$. Celle de la lune a été de $296^o,32',21'',6$; les directions des attractions formaient un angle de 7 degrés 4 à 5 minutes.

Le 9 janvier la longitude du soleil était de $288^o,28',35'',3$, et celle de la lune de $309^b,13',39'',1$. L'angle formé par les directions des attractions luni-solaire était de près de 21 degrés, et a continué à augmenter jusqu'au 22 janvier à 3 heures 38 minutes du matin, moment de la pleine lune. A ce moment les deux attractions agissaient en sens contraire; l'attraction lunaire était dominante, elle forçait la terre à rétrograder. A partir du 22 janvier à 3 heures 38 minutes du matin, le rayon vecteur lunaire, qui jusqu'alors avait été à l'Orient du rayon vecteur solaire, est passé à l'Occident; en sorte que la ligne sur laquelle l'opposition a eu lieu est tangente à la courbe décrite par la terre. A partir du 22 janvier, la résultante des attractions luni-solaires va en augmentant, et fait décrire à la terre une épicycloïde qui la ramène le 6 février à 8 heures 47 minutes du soir en conjonction avec le soleil. Ainsi, du 7 janvier au 6 février 1856, la terre a décrit une courbe composée d'une partie fermée et de deux branches qui réunissent cette partie fermée à celles comprises entre les conjonctions du 6 mars 1856 et du 9 décembre 1855, en sorte qu'il y a autant de rétrogradation pour la terre que de révolutions tropiques lunaires.

J'ai tracé par approximation, sur la fig. 2 de la pl. 2, ces rétrogradations. Il est évident que pour les tracer exactement, il faudrait avoir les longitudes vraies du soleil et de la lune, ainsi que les diamètres observés de ces deux astres, au moment des oppositions et des conjonctions.

183. L'examen du mode d'action des attractions luni-solaire résultant de la différence des vitesses angulaires des deux astres, nous conduit donc à conclure que :

La terre décrit des épicycloïdes qui la transportent deux fois par an de la distance moyenne, près le centre de l'écliptique, jusqu'à son tropique austral, situé à environ 577,254 lieues de ce centre, et la ramènent également deux fois par an à cette distance moyenne.

VII.

CONSÉQUENCE RELATIVE A L'ORBITE DE LA LUNE.

184. La terre se trouvant, comme la lune, alternativement en conjonction et en opposition avec le soleil, nous pouvons faire à son égard le raisonnement que nous avons appliqué à la lune, et nous en concluerons que la terre fait décrire à la lune des épicycloïdes qui sont plus éloignés du centre de l'écliptique d'une quantité égale à la longueur du rayon vecteur lunaire ; mais la terre et la lune se mouvant dans le même sens, la première se trouve au centre du mouvement de la seconde, qui doit ainsi paraître décrire une courbe fermée, qui serait un cercle si la distance restait la même entre la terre et la lune, mais qui doit paraître une ellipse, à cause de la variation de longueur du rayon vecteur de la lune.

VIII.

CONSÉQUENCE RELATIVE AUX VITESSES DE TRANSLATION DE LA TERRE, DE LA LUNE ET DU SOLEIL.

185. Si l'on s'en tenait à la première approximation

de la courbe décrite par la terre, indiquée au n° 454, on en conclurait que notre globe parcourt chaque année deux courbes rentrantes, approchant de deux circonférence de cercle ou de deux ellipses dont le diamètre est à peu près de 577 254 lieues, ce qui porte chaque circonférence à 1 811 227 lieues, et pour les deux à 3 628 454 lieues parcourues en 365 jours et un quart, ce qui donnerait près de dix mille lieues par 24 heures ; mais ces circonférences, enveloppant les vraies courbes déduites des données de la *connaissance des temps*, celles-ci auraient un moindre développement si les courbes de rétrogradation n'établissaient pas une compensation ou même un excédant ; quoiqu'il en soit la différence doit être peu considérable, d'où il résulte que la vitesse de translation de la terre approche beaucoup de sa vitesse de rotation (1).

---

(1) En 1845, il a paru une brochure de 37 pages, ayant pour titre : *Tableau du système planétaire rétabli dans ses véritables proportions*, par J. Perny-Villeneuve, ex-directeur de l'Observatoire, ex-professeur à l'école spéciale militaire de Fontainebleau, etc. L'auteur de ce mémoire est un copernicien très fervent, il prend soin d'en avertir le lecteur en disant : « On doit savoir maintenant qu'il ne » s'agit pas d'un système absurde, contraire à tous les raisonnements, » comme il en paraît quelquefois pour détruire le système de » Copernic, etc. ». Il considère le mouvement diurne de la terre comme le développement de son équateur *dans l'écliptique*, en sorte que son mouvement diurne et son mouvement de translation sont la même chose, puisque, dit-il, elle décrit en même temps son orbite. Il conclut de là qu'en multipliant 9003 l. 81 développement de l'équateur terrestre, par 365 d. 25638 on aura le développement de l'écliptique égal à 3 millions 288 mille 698 lieues. Ce qui réduirait la distance moyenne de la terre au soleil à 523 mille 412 lieues, au lieu de 34 millions et plus.

Cette première conséquence que je me dispense de qualifier, le conduit à beaucoup d'autres non moins bizarres ; ainsi, il n'accorde à Jupiter que 500 lieues de diamètre ; réduit son volume à la 247e partie de celui de la terre, au lieu d'être 1470 fois plus grand. La

186. D'après ce premier aperçu, l'espace parcouru par
la terre en 24 heures se trouvant entre neuf et dix mille
lieues, sa vitesse serait de six à sept lieues par minute.
La vitesse apparente de la lune étant de 14 lieues par
minute, il est évident qu'elle doit être augmentée de la
vitesse de la terre, ce qui porterait sa vitesse réelle à
environ 21 lieues par minute; ainsi la vitesse apparente
de la lune doit être augmentée d'environ moitié. La vitesse
apparente du soleil étant de 415 lieues par minute, cette
vitesse doit être augmentée de 7 lieues, ce qui porterait
la vitesse de cet astre à 422 lieues par minute. La vitesse
apparente du soleil ne serait augmentée que d'environ
un soixante, en ayant égard à la vitesse de la terre,
tandis que la vitesse de la lune augmente de moitié. Le
mouvement de la terre change donc le rapport de la vitesse
des deux astres et modifie par conséquent le rapport de
leurs puissances attractives.

IX.

CONSÉQUENCE RELATIVE AUX PUISSANCES ATTRACTIVES DU SOLEIL, DE LA TERRE ET DE LA LUNE.

187. Si nous admettions les vitesses de 422 lieues,
21 lieues et 7 lieues pour le soleil, la lune et la terre, le

---

terre, selon lui, serait le plus gros globe de notre système planétaire,
sauf le soleil auquel il accorde généreusement 4 mille 880 lieues, au
lieu de 320474 lieues de diamètre, etc.. etc.

Toutes ces conséquences erronées tiennent à ce que l'auteur a
placé la terre sur l'orbite du soleil, s'il se fut borné à considérer la
terre comme décrivant son orbite particulière, tandis que le soleil
décrivait la sienne, il serait arrivé très près de la vérité, quoique
d'une manière un peu vague, et qu'il eut encore été loin d'avoir
une idée exacte de nature de la courbe et surtout des rétrogradations.

rapport de ces vitesses serait comme les nombres 60, 3 et 1, la vitesse de la terre étant prise pour unité.

188. Le diamètre du soleil étant environ *cent onze fois* plus grand que celui de la terre, les surfaces de leurs grands cercles sont comme 12321 est à 1. La vitesse du soleil étant 60 fois plus grande que celle de la terre, le rapport des vides sera comme 12321×60 est à 1, c'est-à-dire que les vides laissés par le soleil seraient 739260 fois plus grands que ceux laissés par la terre.

189. Le diamètre de la lune étant environ les trois onzièmes du diamètre de la terre, les surfaces des grands cercles seront comme $\frac{9}{121}$ est à 1. La vitesse de la lune étant à celle de la terre comme 3 est à 1, les vides laissés par la lune seront à ceux laissés par la terre comme $\frac{27}{121}$ est à 1, ou $\frac{1}{4.5}$ est à 1.

190. Si les attractions étaient exactement proportion-nelles aux vides, il s'en suivrait que l'attraction du soleil serait 739260 fois plus grande que celle de la terre; que celle de la terre serait quatre fois et demi plus grande que celle de la lune. Par conséquent l'attraction solaire serait 3326670 fois plus grande que l'attraction lunaire.

191. Tous les vides ne pouvant être concentrés au même point, l'effet attractif n'est pas égal à la somme des attractions partielles, il faut donc admettre quelques modifications dans ces résultats; mais ces modifications ne peuvent être bien considérables; il sera d'ailleurs facile de les calculer.

192. Ce rapport entre l'attraction solaire et l'attraction lunaire me paraît pêcher plutôt par excès que par dé-faut; cependant il n'est qu'environ moitié de celui qui se déduit des masses du soleil et de la lune données par Newton, et qu'environ la septième partie de celui qui se

déduit des masses du soleil et de la lune données par Laplace. En effet, d'après Newton, ainsi que nous l'avons vu (n°ˢ 28 et 110), la masse du soleil est 169 280 fois plus grande que celle de la terre, et la masse de la terre 39 788 (soit 40 fois) plus grande que celle de la lune. Par conséquent, la masse du soleil serait environ 6 774 200 fois plus grande que celle de la lune.

193. D'après Laplace, ainsi que nous l'avons vu (n°ˢ 28 et 109), la masse du soleil est 354 936 fois plus grande que celle de la terre ; celle de la terre est 68 fois plus grande que celle de la lune, donc la masse du soleil est égal à $354\,936 \times 68$ fois celle de la lune, c'est-à-dire 24 135 648 fois plus grande.

194. Il est évident que Newton a trouvé une masse du soleil beaucoup trop petite, parce qu'il a supposé que sa densité n'était que le quart de celle de la terre, tandis qu'elle doit lui être à peu près égale, ainsi que je l'ai fait voir au n° 111. Il est également évident que la masse de la lune fixée par Laplace à $\frac{1}{68}$ de celle de la terre, est trop petite, puisque le volume de la lune est à peu près la cinquantième partie du volume de la terre, et que sa vitesse de translation étant plus grande, sa vitesse de rotation moindre, sa densité doit être plus grande.

195. Quoiqu'il en soit, comme je l'ai déjà observé plusieurs fois, les énormes différences qui se trouvent entre les masses du soleil et de la lune fixées par ces deux grands maîtres, prouvent le vice de leur théorie de l'attraction, c'est-à-dire de la base fondamentale de cette théorie.

X.

ÉTRANGES CONTRADICTIONS DE M. LAPLACE, RELATIVEMENT AU MOUVEMENT
DE LA LUNE.

196. Si l'on a droit de s'étonner des énormes différences qui se trouvent entre les auteurs les plus renommés, dans l'appréciation d'un fait aussi capital que celui
de la force attractive du soleil et de la lune; il est bien plus
étonnant encore de voir les contradictions dans lesquelles
tombe un auteur aussi renommé que M. Laplace, au sujet
du mouvement d'un même astre.

197. J'ai déjà signalé (n° 95) la contradiction relative
au soleil, qui se trouve aux pages 105 et 110 du système
du monde, où M. Laplace dit d'abord que le soleil est
immobile au centre du système planétaire, puis ensuite
ajoute que le soleil se meut, entraînant avec lui le système entier des planètes; en voici une du même genre
relative à l'orbite de la lune.

A la page 20 du système du monde, M. Laplace dit :

« La lune se meut dans un orbe elliptique dont le centre de la
» terre occupe un des foyers. Son rayon vecteur trace autour de ce
» point des aires à peu près proportionnelles aux temps. »

A la page 21 du même ouvrage, il ajoute :

« Les loix du mouvement elliptique sont encore loin de représenter
» les observations de la lune, elle est assujettie à un grand nombre
» d'inégalités qui ont des rapports évidents avec la position du
» soleil. »

198. Si, du vivant de M. Laplace, un auteur eût adressé
à l'Académie des sciences un mémoire dans lequel deux
phrases semblables à celles-ci eussent été accolées, l'auteur de la mécanique céleste n'eût pas manqué de lui dire:
« Vous moquez-vous de nous en demandant notre jugement

» sur un ouvrage dans lequel vous affirmez le pour et le
» contre? Ne voyez-vous pas qu'il y a nécessairement une
» de vos deux assertions erronées? Si la lune se meut
» dans un orbe elliptique dont la terre occupe un des
» foyers, les lois du mouvement elliptique doivent s'ac-
» corder avec les observations du mouvement de la lune;
» autrement ces observations seraient inexactes; on ne
» pourrait compter ni sur elles, ni sur les conséquences
» qu'on en a tirées; le système du monde serait remis en
» question. Si, au contraire, les observations de la lune
» sont exactes, et que les lois du mouvement elliptique ne
» s'accordent point avec elles, c'est que la lune ne décrit
» point des ellipses ; alors les lois de Képler et de Newton
» ne sont point les lois de la nature, ces deux auteurs
» sont en défaut.

» Commencez donc par supprimer une de vos deux
» phrases, corrigez votre mémoire, pour le mettre en
» harmonie avec celle que vous conserverez, puis vous nous
» le représenterez ; autrement nous serions forcés de vous
» convaincre d'inconséquence ou d'absurdité. »

199. Ce conseil, on pourrait le renvoyer à M. Laplace,
s'il était encore de ce monde on pourrait lui dire :

« Entre vos deux assertions contradictoires relatives
» au mouvement de la lune, le choix n'est pas difficile et
» ne saurait être douteux, la dernière seule est fondée en
» raison. Non, la lune ne décrit point des ellipses dont
» dont la terre occupe un des foyers. Car la lune, en
» tournant autour de la terre, lui fait décrire des courbes
» épicycloïdales, et les révolutions lunaires autour des
» épicycloïdes ne peuvent donner des ellipses ; mais le
» mouvement de translation de la terre étant insensible
» pour nous, les épicycloïdes que décrit la lune doivent
» nous paraître elliptiques, telles qu'elles seraient d'après

» les diamètres apparents, si la terre était fixe. *Ce n'est*
» *donc que par l'abstraction du mouvement de la terre,*
» *et surtout de ses rétrogradations, que les astronomes*
» *sont arrivés à l'illusion des orbites elliptiques pour la*
» *lune.* »

200. Ainsi, à mesure que nous avançons, nous voyons
les erreurs de la théorie astronomique s'accumuler et
conduire à des complications qui rendent cette science
inintelligible, même pour les astronomes les plus habiles.
Nous allons en voir de nouveaux exemples dans le chapitre suivant.

CHAPITRE IX.

ERREURS ÉNORMES COMMISES PAR LES ASTRONOMES MODERNES ET PARTICULIÈREMENT PAR M. ARAGO ; RELATIVEMENT A L'ASTRONOMIE STELLAIRE ; CORRECTION DE CES ERREURS.

I.

DES PARALLAXES EN GÉNÉRAL ET DES PARALLAXES DITES *Annuelles.*

201. Une des questions les plus intéressantes de l'astronomie, est incontestablement celle qui a pour objet la détermination des distances des corps célestes à la terre. Jetons un coup d'œil rapide sur les moyens employés par les astronomes pour arriver à ce résultat.

202. On sait que lorsque différents observateurs, répandus sur la surface de la terre, observent un même astre, ils ne le rapportent pas au même point du ciel. Pour éviter les irrégularités dépendantes de ces différents aspects et rendre toutes les observations comparables, les astronomes sont convenus de les rapporter au centre de la terre, supposée sphérique. Ils regardent comme le *lieu vrai* des astres, sur la sphère céleste, celui où on les verrait s'ils étaient observés de ce point, et ils appellent *lieu apparent* d'un astre le point de la sphère céleste où on le rapporte quand on l'observe de dessus la surface de la terre.

203. L'angle formé par les deux lignes partant de l'astre, pour aboutir au centre de la terre et au point où se trouve un observateur, se nomme parallaxe. Cet angle est égal à la différence entre la distance au zénith de l'observateur placé à la surface de la terre et la distance au zénith de l'observateur supposé au centre de la terre;

c'est-à-dire *la différence entre la distance apparente et la distance vraie de l'astre au zénith.*

204. Cette parallaxe est la plus grande possible quand l'astre est à l'horizon, on l'appelle alors parallaxe horizontale. Elle diminue à mesure que l'astre s'élève au-dessus de l'horizon. On l'appelle alors parallaxe de hauteur. Elle est nulle pour un astre placé au zénith de l'observateur, puisque les deux lignes menées de l'astre au centre de la terre et à l'observateur se confondent.

205. Pour les astres plus ou moins rapprochés de la terre, et particulièrement pour la lune, la parallaxe, soit horizontale, soit de hauteur, est très sensible et peut servir à la détermination de la distance de cet astre à la terre ; il suffit pour cela que deux observateurs placés sur le même méridien, à des distances plus ou moins grandes ; observent en même temps la lune à son passage à ce méridien, les deux rayons visuels et les deux rayons de la terre forment un quadrilatère dans lequel on connaît l'angle au centre, les deux rayons, une diagonale et les angles aux points d'observation, qui sont les suppléments des distances au zénith, il est donc facile de trouver la deuxième diagonale qui est la distance cherchée. (Voir l'*Astronomie de Biot*, 2ᵉ édit., t. I, chap. XIX, art. PARALLAXE.)

206. Cette méthode, fort simple, ne peut être employée pour trouver la distance des étoiles à la terre, par suite de leurs grandes distances à ce globe, l'angle formé par les lignes menées d'une étoile aux extrémités d'un diamètre terrestre est absolument insensible, et la terre vue de l'étoile paraîtrait comme un point.

207. Les astronomes ont eu recours à un autre moyen, qui eût été excellent s'ils n'eussent été induits en erreur par la fausse hypothèse que la terre tournait autour du

soleil et décrivait, en un an, l'orbite apparente de cet astre; pour rendre à ce moyen toute son efficacité, il suffit de trouver, comme nous l'avons fait, la véritable orbite de la terre, en la déduisant des phénomènes, au lieu d'avoir recours à une vague hypothèse, comme on l'a fait jusqu'à ce jour.

209. D'après la cause de la pesanteur et de la gravitation universelle, que nous avons fait connaître aux chapitres I et II, il est de la dernière évidence qu'aucun des corps répandus dans l'espace, ne peut rester en repos, tous sans exception, le soleil et la lune, comme les autres astres, sont forcés de décrire des courbes plus ou moins étendues, selon la nature, les positions et les mouvements des autres corps qui les environnent.

210. Nous avons fait voir que d'après les dimensions, les positions et les mouvements apparents du soleil et de la lune, la terre devait décrire, dans l'espace de six mois, une orbite, dont un diamètre approche beaucoup de 577254 lieues; par conséquent, à trois mois d'intervalle la terre se trouve successivement aux deux extrémités de ce diamètre. Si de l'étoile on conçoit deux lignes dirigées vers ces extrémités, on formera un triangle dont la base aura 577254 lieues, tandis que la plus grande base que pouvaient avoir deux observateurs placés à l'extrémité d'un diamètre terrestre, ne dépassait pas 3000 lieues. Il est donc probable qu'en prenant le diamètre de l'orbite de la terre pour base, en faisant les observations à trois mois d'intervalle, la parallaxe *semi-annuelle* deviendra sensible, et l'on pourra connaître la distance des étoiles à la terre, puisque l'on connaîtra dans le triangle dont l'étoile occupe le sommet un côté et les angles adjacents.

211. Ce n'est pas tout, nous avons vu n° 181, que pendant une révolution tropique de la terre, il y avait de six

à sept retrogradations ; chacune de ces retrogradations
donne lieu à une courbe fermée beaucoup plus petite que
la grande orbite. Ces petites orbites sont décrites en moins
d'un mois, par conséquent, à douze ou treize jours
d'intervalle, on se trouve aux extrémités d'un diamètre
de la courbe de rétrogradation ; on doit donc trouver une
parallaxe semi-mensuelle, en faisant les observations à
des intervalles convenables. Ces différentes parallaxes ser-
viront donc pour vérifier les distances trouvées à l'aide
de la parallaxe semi-annuelle.

212. Cherchons maintenant les apparences que l'orbite
de la terre doit produire relativement à la position des
étoiles.

Nous savons que le plan de l'orbite de la terre est à
peu près le même que celui de l'orbite du soleil. Si une
étoile se trouvait au pôle de l'orbite de la terre, il est
évident que quand la terre viendrait de son tropique austral vers l'équateur, ou s'avancerait du sud au nord,
l'étoile paraîtrait s'avancer du nord vers le sud. Si la terre
n'avait pas de rétrogradations, le mouvement progressif
de l'étoile du nord vers le sud durerait trois mois ; mais
à chaque rétrogradation de la terre correspondra une
rétrogradation de l'étoile, et cette rétrogradation apparente, au lieu d'être contraire à la loi des parallaxes, sera
parfaitement en harmonie avec elle.

213. Ce que je dis du mouvement de la terre du sud
vers le nord s'applique au mouvement d'occident en orient
et réciproquement, la forme de l'orbite de la terre nous
donnera donc l'explication parfaitement simple et complète des mouvements apparents des étoiles, en faisant
abstraction de leur mouvement propre dont leur éloignement immense nous empêche de suivre le cours, comme
il nous empêche de mesurer leur diamètre apparent.

214. Ces préliminaires bien établis nous mettent en état de résoudre les questions les plus délicates et de faire disparaître les fantômes engendrés par une hypothèse dont l'absurdité ne peut plus être révoquée en doute; commençons par la distance des étoiles à la terre.

II.

M. ARAGO ET LA DISTANCE DES ÉTOILES A LA TERRE.

215. M. Arago a consacré le chapitre **XXXII** du premier volume de son Astronomie populaire *à la parallaxe annuelle des étoiles*; voici le début de ce chapitre :

« Si la demeure de l'homme était immobile dans l'espace, il n'au-
» rait pour déterminer la distance des corps célestes que les bases
» comparativement très petites, qu'il serait possible de mesurer entre
» divers points du globe terrestre. Au contraire, si, comme nous le
» démontrerons dans un livre spécial, la terre est une planète, *si elle*
» *circule tous les ans autour du soleil, dans une orbite à peu près*
» *circulaire et dont le rayon moyen est de 38 millions de lieues,*
» *l'astronome pourra appuyer ses opérations sur des bases d'une*
» *longueur double du rayon de l'orbite ou de 76 millions de lieues.* »

216. Ce début nous indique que M. Arago doit rencontrer un double écueil. 1° Il suppose que la terre se meut sur l'écliptique du soleil, qu'elle décrit une courbe de 76 millions de lieues de diamètre en un an, tandis que nous avons prouvé que le diamètre de cette courbe est à peu près égal à la moitié de la différence, entre la plus grande et la plus petite distance du soleil à la terre, c'est-à-dire environ 577254 lieues. M. Arago suppose donc la base du triangle formé par les lignes menées de l'étoile aux extrémités du diamètre de l'orbite de la terre, environ *cent trente-deux fois* plus grandes qu'elles ne sont en réalité. Il doit donc trouver des distances cent trente-deux fois trop grandes pour les distances des étoiles à la terre.

217. D'un autre côté, nous avons reconnu que la terre exécutait sa révolution tropique en six mois, en sorte que, sauf les rétrogradations et quelques exceptions que nous ferons connaître, à six mois d'intervalle, la terre se retrouve à peu près dans la même position, et l'observateur doit revoir les étoiles dans les mêmes lieux. Ainsi, une étoile observée au solstice d'été et au solstice d'hiver, ne doit pas avoir de parallaxe annuelle sensible. Nous verrons bientôt des preuves nouvelles que les choses se passent ainsi.

218. Après avoir présenté quelques notions sur les parallaxes et fait connaître les deux principaux moyens employés par les astronomes, pour trouver les distances des étoiles à la terre, en partant, comme d'un fait certain, de l'hypothèse *que la terre circule tous les ans autour du soleil, dans une orbite à peu près circulaire dont le rayon est de* 38 *millions de lieues*, M. Arago ajoute:

219. « Donnons maintenant les résultats les plus certains que l'on » ait obtenus pour *la parallaxe annuelle* de diverses étoiles, en se » servant des deux méthodes citées.

« α du Centaure observée en 1832 et 1839, au cap de
» Bonne-Espérance, par Henderson et Maclear. . . 0″,91
» Sirius 1832 à 1837, au cap de Bonne-Espérance,
  » par les mêmes. . . . . , ... 0″,15
» α de la Lyre, M. Struve, de 1835 à 1838, à Dorpat. 0″,26
» 61ᵉ du Cygne, M. Bessel, de 1837 à 1840, à Kœnis-
  » berg. . . . . 0″,35
» M. Péters, à Poulkova, 1842 et 1843.

  » La Chèvre. . . . . 0″,046
  » τ de la grande Ourse. . . . . 0″,133
  » α du Bouvier . . . . 0″,127
  » α de la Lyre. . . . . 0″,207
  » La polaire. . . . . 0″,106

» Nous transformerons aisément ces diverses parallaxes angulaires » en lieues, en nous rappelant d'abord *que la base à laquelle toutes*

» *les parallaxes se rapportent est toujours de 38 millions de lieues.*
» D'un autre côté, un objet grand ou petit, sous-tend un angle d'une
» seconde, lorsqu'on en est éloigné de 206265 fois ses dimensions ;
» car nous avons vu que le rapport de la circonférence au diamètre
» étant de 3,14159, et le nombre de secondes contenues dans une
» circonférence de 1296000, on a le rayon égal à $\frac{1296000}{3,14159\times2}=206265$
» fois la longueur d'une seconde. On se rappellera de plus que la
» distance devient double, triple.... dix fois plus grande quand l'an-
» gle sous-tendu est la moitié, le tiers ou le dixième d'une seconde.
» Rien ne sera plus facile alors que de calculer le tableau suivant :

	Parallaxe.	Rayons de l'orbite terrestre.	DISTANCES A LA TERRE. Millions de lieues.
α du Centaure. . .	0″,91	226 400	8 603 200
61ᵉ du Cygne. . .	0″,35	589 300	22 735 400
α de la Lyre . . .	0″,26	785 600	29 852 800
Sirius.	0″,15	1 373 000	52 174 000
τ de la grande Ourse	0″,133	1 550 900	58 934 200
Arcturus	0″,127	1 624 000	61 712 000
La Polaire	0″,106	1 946 000	73 948 000
La Chèvre	0″,046	4 484 000	170 392 000

» Pour rapporter ces mêmes distances à la vitesse de la lumière,
» il faut savoir, ce que nous démontrerons plus tard, que les rayons
» du soleil emploient $8^{min} 17^{s} 8$ à parcourir les 38 millions de
» lieues, représentant la distance moyenne de l'astre à la terre : on
trouve ainsi que la lumière émanée des diverses étoiles dont les
» parallaxes sont les mieux connues, arrivent à la terre dans les in-
» tervalles de temps qui suivent :

		Ans.
» α du Centaure.	. . . . . .	3622
» 61ᵉ du Cygne	. . . .	9429
» α de la Lyre.	. . . .	12570
» Sirius.	. . . .	21968
» τ de la grande Ourse.	. . .	24800
» Arcturus	. . . .	25984
» La polaire.	. . . .	31136
» La Chèvre.	. . . .	71744

III.

EXAMEN CRITIQUE DES RÉSULTATS CI-DESSUS.

220. Les derniers résultats que M. Arago nous présente, avec un aplomb imperturbable, comme des vérités incontestables, ne sont pas de nature à lui concilier le suffrage des théologiens, qui prétendent que le monde a été créé il y a seulement *six mille ans*. Pour mettre cet astronome d'accord avec l'Écriture, Sirius, pour nous borner à la plus belle et à la plus connue des étoiles, ne devrait devenir visible pour nous que dans *quinze mille ans*. Car elle ne pouvait être visible avant d'être créée. Or on sait qu'il n'en est pas ainsi, Sirius est visible depuis des milliers d'années ; d'où il suit que M. Arago est dans l'erreur, ou que l'Écriture sainte doit être rejetée ; c'est, comme on voit, un procès bien autrement important que celui du soleil s'arrêtant au gré de Josué.

221. Eh bien, s'il fallait absolument opter entre l'opinion des théologiens et les assertions de l'illustre astronome, je n'hésite pas à dire que celui-ci n'aurait pas le beau rôle ; je vais le prouver, de manière à convaincre la cour de Rome qu'il vaut beaucoup mieux réfuter l'auteur d'une mauvaise hypothèse, à l'aide du raisonnement, que de l'enfermer dans des cachots ou le livrer aux flammes.

222. Les parallaxes dites annuelles que M. Arago nous présente comme *les résultats les plus certains que l'on ait obtenus*, sont le résultat d'observations faites à six mois d'intervalle, probablement aux deux solstices ; il n'est donc pas étonnant que des observateurs aient trouvé des résultats peu différents de ceux que Picard avait obtenus en observant la luisante de la Lyre puisque, comme nous l'avons vu (n° 176), la terre se trouve à peu près à la même

place, aux deux solstices ; et que pour avoir la parallaxe semi-annuelle, il faut faire les observations à trois mois d'intervalle.

223. Or les observations faites à trois mois d'intervalle donnent un démenti formel aux parallaxes trouvées par MM. Henderson, Macléar, Struve, Bessel et Péters, que M. Arago regarde comme les plus certaines. Je trouve la preuve de ce démenti dans l'Astronomie de Lalande, dans le Traité complet de l'aberration des étoiles fixes par M. Fontaine des Crutes, dans les Mémoires de l'Académie, dans les Transactions philosophiques, etc., etc.

224. Cette question est tellement importante qu'on me pardonnera aisément de la traiter à fond, en l'appuyant sur des faits irrécusables et remontant à la source des discussions sur la parallaxe des étoiles.

225. Dès 1662, le célèbre Picard avait remarqué des variations dans la position de l'étoile polaire ; c'est de là qu'il nous faut partir, en prenant M. Lalande comme guide historique. Voici ce qu'il dit dans son abrégé d'Astronomie, 2ᵉ édition, page 280 :

226. « Hook, célèbre dans la physique, entreprit de déterminer
» ces variations ; il plaça au collége de Gresham, à Londres, une
» lunette de 36 pieds, en 1669, avec laquelle il observa les distances
» au zénith de γ du Dragon et *les observations qu'il rapporte, sem-*
» *blent d'accord* avec la théorie des parallaxes, en supposant que
» celle de γ du Dragon fût de 15″. Mais les circonstances ne lui
» avaient pas permis de s'en assurer suffisamment.

» Picard voulut vérifier cette observation, mais la hauteur méri-
» dienne de la Lyre, *observée dans les deux solstices*, lui parut la
» même ; ce qui était contraire aux observations de Hook, comme il
» l'annonça dans l'assemblée de l'Académie, le 4 juin 1681. »

227. A la page 281, Lalande ajoute :

« Flamsteed ayant observé l'étoile polaire avec son mural en 1689

» et dans les années suivantes, trouva que la déclinaison était plus
» petite de 40" au mois de juillet qu'au mois de décembre. Ces ob-
» servations étaient justes. Au reste, quoique Flamsteed crût recon-
» naître l'effet de la parallaxe annuelle dans les différences qu'il avait
» observées, il avait quelques doutes sur ses observations, etc.

» Cassini crut trouver dans Sirius une parallaxe de 6" (Mémoires
de l'Académie, 1717).

228. A la page 283, Lalande dit :

« Le secteur de Molineux (de 24 pieds) fut placé à Kew, près de
» Londres, et le 3 décembre 1725, il observa au méridien l'étoile γ
» à la tête du Dragon ; il marqua exactement sa distance au zénith ;
» il répéta cette observation le 5, le 11 et le 12 du même mois : il ne
» trouva pas de grandes différences.

» Bradley se trouva pour lors à Kew, il observa aussi la même
» étoile, le 17 décembre 1725, et ayant disposé l'instrument avec
» soin, il vit que l'étoile passait un peu plus au sud que dans les
» premiers jours du mois. D'abord les deux astronomes ne firent pas
» grande attention à cette différence, elle pouvait venir des erreurs
» d'observation ; cependant le 20 décembre, l'étoile avait encore
» avancé vers le sud et elle continua les jours suivants, sans qu'on
» pût attribuer ce progrès au défaut des observations.

» Cette différence paraissait d'autant plus surprenante *qu'elle était*
» *dans un sens contraire à l'effet que devait avoir la parallaxe an-*
» *nuelle. Comme on ne concevait aucune autre cause qui pût pro-*
» *duire un pareil changement,* on craignit qu'elle ne vint de quel-
» que altération dans les parties de l'instrument, et il fallut s'assurer
» par diverses expériences de son exactitude. *Cependant l'étoile allait*
» *toujours vers le sud,* et l'on ne songea plus qu'à mesurer exacte-
» ment ce progrès, pour tâcher d'en découvrir les circonstances et
» la cause. Au commencement de mars 1726, *l'étoile se trouva parve-*
» *nue à 20" du lieu où on l'avait observée trois mois auparavant :*
» alors elle fut pendant quelques jours stationnaire ; *vers le milieu*
» *d'avril, elle commença de remonter vers le nord, et au commen-*
» *cement de juin, elle passa à la même distance du zénith que dans*
» *la première observation faite six mois auparavant. Sa déclinai-*
» *son changeait alors de 1" en trois jours ;* d'où il était naturel de
» conclure qu'elle allait continuer d'avancer vers le nord. Cela arriva
» comme on l'avait conjecturé : l'étoile se trouva au mois de sep-
» tembre de 20" plus nord qu'au mois de juin, et 39" plus qu'au

» mois de mars, de là, l'étoile retourna vers le sud, et au mois de
» décembre 1726, elle fut observée à la même distance du zénith
» que l'année précédente ; c'est-à-dire avec la seule différence que
» la précession des équinoxes devait produire.

» Par là, il était bien prouvé que le défaut de l'instrument n'était
» pas la cause des différences observées, l'effet était trop régulier
» pour pouvoir être attribué à une fluctuation irrégulière de la ma-
» tière éthérée, comme Manfredi l'avait soupçonné dans un temps
» où l'on n'avait pas d'assez bonnes observations ; mais *la difficulté*
» *était de trouver une explication suffisante.* »

229. Arrêtons ici les citations, celle-ci contient à peu
près tous les éléments nécessaires pour juger la question
avec connaissance de cause.

230. Le premier point qui doit fixer l'attention est
celui-ci : *au commencement de juin 1726, la déclinaison*
de l'étoile γ du Dragon changeait de 1″ en trois jours, et
s'avançait vers le nord. Ainsi, dans l'espace de six jours,
la déclinaison changeait de deux secondes, et ce changement ne pouvait être attribué à l'aberration de la lumière,
puisque si cette aberration existait, elle serait la même
dans ces observations rapprochées, agirait dans le même
sens et ne changerait rien à la position apparente de
l'étoile ; c'est donc uniquement au mouvement de la terre
pendant les six premiers jours de juin, qu'est dû le changement de déclinaison de 2″ de l'étoile γ du Dragon,
changement qui équivaut à peu près à une parallaxe de
1″ pour une base tirée à deux positions de la terre à six
jours d'intervalle (voir ci-après, n°ˢ 233 et 234).

231. Voyons comment cette observation concorde avec
la marche de la terre sur l'orbite correspondante au passage du soleil de son périgée à son apogée, ou du solstice
d'hiver au solstice d'été, pour l'année 1856.

232. Nous savons que, pendant le passage du soleil
de sa position du 31 mars à celle du 4 juillet, la terre

était transportée du centre de l'écliptique, sa distance moyenne, jusqu'à son tropique austral, à environ 577 254 lieues de ce centre. Le 1er juin la terre marchait donc vers le sud, par conséquent les étoiles placées près du pôle de l'écliptique devaient paraître s'avancer vers le nord, conformément à la loi des parallaxes.

233. Le 31 mai le soleil et la lune étaient en opposition, par conséquent la lune était dans sa déclinaison australe, son action était prépondérante, le mouvement de la terre était direct, elle suivait une ligne que l'on peut considérer comme l'hypoténuse du triangle dont les différences de déclinaison et d'ascension droite des deux positions de la terre à six jours d'intervalle, formeraient les côtés. Si l'on eût fait les observations le 1er et le 6 juin, on eût trouvé une parallaxe de plus de 1″, puisque l'hypoténuse est plus grande que le côté correspondant à la déclinaison, qui donne une parallaxe de 1″. Mais faisons abstraction de cette différence, et admettons une parallaxe de 1″ pour six jours de mouvement direct de la terre, et voyons à quel résultat nous serons conduit.

234. Nous avons démontré (n° 184) que le mouvement moyen de translation de la terre sur son orbite différait peu du développement de son équateur, et qu'on pouvait l'évaluer, sans grande erreur, à environ 10 000 lieues en vingt-quatre heures, à cause des rétrogradations qui augmentent le développement de l'orbite. Admettons donc provisoirement que la terre parcourt, en moyenne, par vingt-quatre heures 10 000 lieues, sauf à rectifier, s'il y a lieu, les petites erreurs qui pourraient en résulter. Ce sera donc une base de 60 000 lieues qui aura donné une parallaxe de déclinaison de 1″, au lieu d'une base de 76 millions de lieues qui donnerait des fractions de seconde pour parallaxe.

235. Or, M. Arago nous rappelle (n° 218) qu'un objet, grand ou petit, sous-tend un angle d'une seconde quand on est éloigné de 206 265 fois ses dimensions ; par conséquent la distance de l'étoile γ du Dragon à la terre serait égale à 206 265 × 60 000 = 12 375 900 000, c'est-à-dire 12 billions 375 millions 900 mille lieues. Or cette distance est assurément assez considérable pour qu'on puisse l'admettre sans crainte de rapetisser l'univers, puisque cette étoile serait environ 325 fois plus éloignée de la terre que ne l'est le soleil, que les étoiles beaucoup moins brillantes que γ sont encore plus éloignées, et que celles qui ne sont pas visibles se trouvent bien au delà.

236. Si nous comparons cette distance à la distance moyenne d'Uranus, que les astronomes portent à 655 602 600 lieues, nous trouvons que γ du Dragon est à peu près 19 fois plus loin de nous que cette planète, la plus éloignée de celles que nous connaissons, et certes, les probabilités sont grandes en faveur de ce résultat.

237. Si maintenant nous adoptons la prétendue vitesse de la lumière, rêvée par Roemer, plaçant aussi la terre sur l'écliptique, d'après laquelle elle mettrait 8ᵐ 17ˢ,8 à venir du soleil à la terre, l'étoile γ du Dragon étant 325 fois plus éloignée de nous que le soleil, sa lumière, pour arriver à nous, n'emploierait pas 50 heures, quand même il lui faudrait 9 minutes pour faire le trajet du soleil à la terre. On voit que notre orbite est de nature à tranquilliser la théologie, et qu'il y a loin de nos 50 heures aux 71 744 ans que M. Arago accorde à la lumière de la Chèvre pour arriver jusqu'à nous ; ce qui suppose que la création remonte à plus de 71 744 ans, puisque l'étoile la Chèvre est connue depuis un grand nombre d'années.

238. Si, au lieu de porter la distance du soleil à la

terre à 38 millions de lieues, comme le fait M. Arago, nous adoptions la distance de 34 357 480 lieues, donnée par M. Lalande, dans la table des planètes de l'encyclopédie, nous trouverions que γ du Dragon est à peu près 360 fois plus loin de nous que le soleil. Le diamètre moyen apparent de cet astre étant d'environ 32 minutes 1 seconde, ou 1921 secondes ; si le soleil était à la distance que nous avons trouvée pour γ, son diamètre apparent serait égal à $\frac{1921}{360} = 5'',33$. Le diamètre du soleil étant de 319 314 lieues, si celui de γ était du sixième, c'est-à-dire de 53 219 lieues, son diamètre apparent ne serait pas de $1''$. Ainsi, toutes les conséquences auxquelles nous arrivons successivement, présentent des probabilités de plus en plus grandes.

239. Revenons aux observations de Bradley et Molineux, rapportées par M. Lalande : «*Au commencement de* » *mars* 1726, dit-il, *l'étoile se trouva parvenue à* 20$''$ *du* » *lieu où on l'avait observée trois mois auparavant. Alors* » *elle fut quelques jours stationnaire. Vers le milieu d'avril* » *elle commença à remonter vers le nord, et au commence-* » *ment de juin elle passa à la même distance du zénith que* » *dans la première observation faite six mois auparavant.*»

240. Voilà qui est clair : à six mois d'intervalle, au commencement de décembre 1725, et au commencément de juin 1726, l'étoile s'est trouvée à la même distance du zénith, parce que la terre était revenue, le 1er juin 1726, au point d'où elle était partie le 1er décembre 1725. Elle a donc exécuté une révolution tropique complète pendant l'intervalle de six mois. Elle exécute donc deux de ses révolutions tropiques, pendant que le soleil en exécute une et que la lune en exécute treize.

241. *Au commencement de mars l'étoile se trouva à* 20$''$ *du lieu où elle était trois mois auparavant.* Voilà

bien une parallaxe semi-annuelle d'environ 10″; mais il est évident que ce n'est pas la parallaxe maximum en déclinaison, parce que les positions de la terre, au commencement de décembre 1725 et au commencement de mars 1726, n'étaient point sur une ligne dirigée du sud au nord, mais sur une ligne inclinée sur celle-ci; il y avait donc parallaxe en déclinaison et parallaxe en ascension droite.

242. *Au commencement de mars l'étoile fut quelques jours stationnaire.* Il est clair que cela devait avoir lieu si la pleine lune se trouvait vers cette époque, puisque la rétrogradation commençait, et qu'à chaque rétrogradation correspondent deux tropiques intermédiaires près desquels la marche en déclinaison est très peu sensible; mais il ne paraît pas que M. Lalande ait su que cette station avait été accompagnée de rétrogradation, soit que Bradley n'ait pas observé tous les jours, soit qu'ayant observé la rétrogradation, il l'ait passée sous silence, comme contraire à son explication des mouvements apparents des étoiles par l'aberration de la lumière. Cette raison a pu lui faire garder le silence sur les rétrogradations de janvier et de février, qui ont précédé celle de mars.

243. Remarquons, enfin, que les plus grands astronomes observateurs ont été d'avis que les étoiles avaient des parallaxes beaucoup plus grandes que celles données par M. Arago. Flamsteed supposait celle de l'étoile polaire d'environ 20″, Cassini estimait celle de Sirius à 6″. Hook estimait celle de γ du Dragon à 15″; et, chose fort remarquable, c'est le résultat auquel nous conduit l'observation de Lalande, que la déclinaison de γ changeait de 1″ en trois jours, ce qui donne, comme nous l'avons déjà dit, environ 1″ pour la parallaxe à six jours d'intervalle, ou

15^v pour 90 jours correspondant à la parallaxe semi-annuelle.

244. Ainsi les observations de Picard, de Hook, de Molineux, de Bradley, bien interprétées ; celles de M. Henderson, Maclear, Struve, Bessel, Peters, rapportées par M. Arago, elles-mêmes, concordent admirablement avec la marche de la terre, telle que nous l'avons déduite des données de la *Connaissance des temps* combinées avec les attractions du soleil et de la lune, produites par leurs révolutions tropiques, et relèguent dans le pays des chimères les résultats fantastiques obtenus par M. Arago, en faisant voyager la terre sur l'écliptique du soleil.

245. C'est avec quelque répugnance que j'ai signalé et relevé les exagérations et les erreurs commises par M. Arago, relativement à la distance des étoiles à la terre ; mais il m'était d'autant moins permis de garder le silence à ce sujet, que cet astronome a en quelque sorte popularisé cette erreur, et plusieurs autres, sur lesquelles j'aurai occasion de revenir, en les insérant dans l'*Annuaire du Bureau des longitudes*. Par exemple, à la page 379 de l'*Annuaire* pour l'an 1842, analyse des travaux d'Herschell, il dit à l'occasion des parallaxes :

« Le rayon de l'orbite terrestre vu des étoiles étant de moins » d'une seconde, il en résulte que la distance rectiligne de ces astres » à la terre surpasse le produit de 206 000 par le rayon de l'orbite » exprimé en lieues, le produit de 206 000 par 38 000 000 est en nom- » bre ronds de 8 millions de millions de lieues. »

246. Or, nous avons fait voir (n° 235) que, d'après les observations de Hook, de Bradley, etc., la distance de l'étoile γ du Dragon serait au plus de 12 à 13 billions de lieues, c'est-à-dire environ 19 fois plus éloignée qu'Uranus ne l'est de la terre ; l'erreur de M. Arago est donc immense, et comme beaucoup de gens regardent son opinion en

astronomie comme un article de foi, cette erreur a gagné toutes les classes de la société. Il était donc urgent de la signaler.

247. Dans le chapitre XIV du tome III de son *Astronomie*, M. Biot admettant, comme M. Arago, la translation de la terre sur l'écliptique, on pourrait à la rigueur tirer de ce chapitre les mêmes conséquences que M. Arago a tirées dans son chapitre XXXII; mais M. Biot a reculé devant cette conséquence; parlant des étoiles les plus rapprochées de nous, il se borne à dire que leur lumière mettrait environ trois ans à venir jusqu'à nous, que les étoiles que nous voyons briller tout à coup dans le ciel existaient longtemps avant que nous eussions aperçu leur clarté; enfin, que peut-être en est-il de si éloignées, qu'elles n'ont pas encore pu nous transmettre leur lumière. Ces doutes sont moins aventureux que les affirmations de M. Arago, et mettent leur auteur en paix avec la théologie. Nous n'ajouterons rien à ce qui précède, parce que nous allons retrouver M. Biot dans le chapitre suivant, à l'occasion de l'aberration des étoiles qui forme le complément indispensable de ce que nous avons dit dans celui-ci.

CHAPITRE X.

ÉTRANGES ERREURS DES ASTRONOMES MODERNES, RELATIVE-
- MENT A L'ABERRATION DE LA LUMIÈRE DES ÉTOILES. EXPLI-
CATION DES PHÉNOMÈNES QUI LUI ONT DONNÉ NAISSANCE
SANS RECOURIR A SON INTERVENTION. EXAMEN CRITIQUE
RAISONNÉ DU TROP SAVANT CHAPITRE DE M. BIOT SUR
CE SUJET.

I.

EXPLICATION DES PHÉNOMÈNES SANS L'INTERVENTION DE L'ABERRATION
DES ÉTOILES.

248. L'argument que les auteurs des ouvrages les plus
estimés sur l'astronomie, tels que MM. Lalande, Laplace,
Biot, Delambre, etc., considèrent comme le plus puissant, le plus décisif, en faveur de la translation de la
terre *sur l'écliptique*, est tiré de ce qu'on appelle improprement *l'aberration des étoiles*. Erreur scientifique qui,
depuis plus d'un siècle, pèse sur les plus hautes intelligences, et les écarte du but vers lequel elles doivent tendre.
Cette funeste hypothèse, issue des observations de Bradley,
pour expliquer des phénomènes mal compris, a fait rétrograder la science astronomique en la compliquant prodigieusement. Elle a forcé les astronomes à calculer des tables
et à en faire péniblement usage pour de prétendues cor-
rections qui dénaturent les mouvements des corps célestes
et sont elles-mêmes de nouvelles erreurs.

249. Nous avons présenté, dans le chapitre précédent,
le précis des observations faites par Picard, Hook, Molineux
et Bradley, pour reconnaître si les étoiles avaient une
parallaxe annuelle. Nous avons vu que ce dernier,
observant l'étoile γ du Dragon, reconnut, du 17 au
20 décembre 1725, que cette étoile se trouvait plus au

sud qu'elle ne l'était du 3 au 12 du même mois ; cette
différence lui parut d'autant plus extraordinaire qu'elle
était en sens contraire de l'effet que devait produire la
parallaxe annuelle, si la terre eût décrit l'écliptique du
soleil, puisqu'alors elle se fût avancée du nord au sud,
ce qui devait produire pour l'étoile γ un mouvement apparent du sud vers le nord. N'ayant aucune idée de la
cause de cette espèce de contradiction, il crut d'abord à
une erreur d'observation, mais, après vérification, il fallut
renoncer à cette idée, et reconnaître que ce mouvement
rétrograde apparent n'était pas une illusion. La conséquence qui s'en déduisait naturellement était que du 17
au 20 décembre 1725 et jours suivants, la terre avait eu
un mouvement rétrograde du midi vers le nord, qui avait
donné naissance à la rétrogradation apparente de l'étoile
vers le sud.

250. Cette idée, si simple et si naturelle, eût renversé
l'hypothèse de la translation de la terre autour du soleil,
en décrivant les ellipses de Kepler. Aussi n'y pensa-t-on
point, et Bradley, combinant ses idées avec la fausse
hypothèse de Roemer, sur la vitesse de la lumière, déduite
de la fausse hypothèse de la translation de la terre *sur
l'écliptique*, enfanta la plus monstrueuse conception qui
puisse passer par le cerveau d'un savant, préoccupé d'une
idée fixe qu'il veut faire triompher.

251. Si, le 20 décembre 1725, au moment où il faisait ses observations pour constater l'existence des parallaxes des étoiles, on eût dit à Bradley :
« Vous êtes engagé dans une fausse route ; il est bien
» vrai que la terre a un mouvement de translation dans
» l'espace ; mais ce n'est pas sur l'écliptique du soleil
» qu'elle se meut. Il est bien vrai que la terre décrit une
» courbe, mais elle ne s'éloigne du centre de l'écliptique

» que d'une quantité égale à la demi-différence entre la
» plus grande et la plus petite distance du soleil à la terre,
» cette courbe n'est point elliptique mais épicycloïdale ;
» et la durée de la révolution tropique est de six mois
» seulement. Ne soyez donc pas étonné si l'étoile γ du
» Dragon, que vous observez, paraît suivre une route
» opposée à celle indiquée par la parallaxe. Il est bien
» vrai que le mouvement général de la terre, du 2 octobre
» au 31 décembre, la porte vers le sud, et par conséquent
» le mouvement général apparent de l'étoile γ la porte
» vers le nord ; mais d'après les actions combinées du
» soleil et de la lune, à chaque révolution tropique de
» cette dernière, il doit y avoir une rétrogradation en
» déclinaison, qui ramène la terre, pendant plusieurs jours,
» vers le nord ; pendant cette rétrogradation l'étoile γ doit
» paraître se porter vers le sud. Vous vous trouvez dans
» des jours de rétrogradation, mais bientôt, par suite de
» la marche de la lune vers la conjonction, la terre re-
» prendra sa marche directe vers le sud, et vous verrez
» l'étoile γ retourner vers le nord jusqu'à ce que la terre
» ait atteint son tropique austral, où elle arrivera vers le
» 31 décembre. A partir de cette époque, le mouvement
» principal ou direct de la terre la ramènera vers le nord
» et le mouvement principal de γ s'exécutera vers le sud;
» mais à chaque révolution tropique de la lune, il y aura
» une rétrogradation de la terre vers le sud, et par suite
» une rétrogradation de γ vers le nord. Chacune de ces
» rétrogradations sera précédée de stations, comme cela
» a lieu pour les autres planètes, à cause des tropiques
» intermédiaires qui se forment, et près desquels les choses
» se passent comme auprès des tropiques extrêmes,
» ainsi qu'on peut le voir pour Vénus, Mars, Mercure,
» Jupiter, etc. Ces mouvements de γ, que vous considérez
» comme contraires à la loi des parallaxes, prouvent, au

» contraire, que les étoiles en ont une qui devient sensible
» à quelques jours d'intervalle ; mais pour avoir les paral-
» laxes maxima en déclinaison, il faut faire les obser-
» vations à trois mois d'intervalle, et pour avoir les
» parallaxes maxima en ascension droite on peut les faire
» à six mois d'intervalle, vers les équinoxes, à cause de
» l'écartement des axes des deux orbites annuelles, etc. »

252. Assurément, si l'on eût tenu ce langage à Bradley,
ses observations lui en eussent démontré la vérité. Il
n'eût pas cherché d'autre explication, et la prétendue
aberration des étoiles n'eût jamais été présentée.

253. Ce langage, je l'adresse au directeur de l'observatoire de Paris et aux astronomes qui sont sous sa direction. Qu'ils reprennent les observations de l'étoile γ du
Dragon et des principales étoiles *Sirius*, la *Polaire*, et
particulièrement celles qui sont les plus rapprochées du
pôle de l'écliptique. Qu'ils comparent les résultats qu'ils
obtiendront avec ceux que j'annonce, et si, comme je ne
puis en douter, mes prévisions, basées sur les attractions
et les mouvements propres du soleil et de la lune se
vérifient, le grand procès de l'aberration et de la deuxième
hypothèse de Copernic sera jugé en dernier ressort.

254. La théorie que je présente n'a rien de mystérieux,
je ne l'enveloppe point dans des formules fascinatrices
qui éblouissent ceux qui les regardent sans les comprendre, laissent aux auteurs désappointés la ressource de se
rattraper aux branches, en prétextant des erreurs de
calcul ; j'indique moi-même la pierre de touche qui doit
distinguer l'or pur des alliages ; il suffit aux astronomes
de mettre l'œil au télescope pour apprécier cette théorie.
J'espère que les astronomes français ne laisseront pas aux
étrangers le soin de faire ces vérifications ; car jamais
question plus intéressante n'a été agitée, et jamais solu-

tion n'aura conduit à des conséquences plus importantes.

II.

EXAMEN CRITIQUE RAISONNÉ DU CHAPITRE DE L'ABERRATION DES ÉTOILES
DE L'*Astronomie* DE M. BIOT (tome III, page 120).

255. Je pourrais m'arrêter ici et attendre que les observations eussent prononcé entre ma *théorie des rétrogradations de la terre* et *celle de l'aberration*. Mais quand
des hommes de la valeur de MM. Bradley, d'Alembert,
Laplace, Lalande, Delambre, Biot, etc., ont pris au sérieux
une théorie, et en ont présenté des démonstrations plus
ou moins claires, plus ou moins intelligibles, il n'est pas
permis de les dédaigner et de les rejeter sans signaler en
quoi elles sont erronées. Parmi les auteurs qui ont traité
la question de l'aberration, M. Biot est un de ceux qui
l'ont fait avec le plus de clarté; c'est donc son explication
que je dois prendre pour texte de mon examen critique.

Voici le début du chapitre XI de l'ouvrage de M. Biot,
relatif à l'aberration :

256. « La sensation de la vue *paraît* être produite par une sorte
» de pression ou de choc *des molécules lumineuses* sur la membrane
» nerveuse qui tapisse le fond de l'œil, et que l'on nomme *la rétine*.
» La direction suivant laquelle ces molécules viennent frapper le
» globe de l'œil, détermine la ligne droite sur laquelle nous rappor-
» tons l'objet dont elles émanent ; et si *la série des molécules* qui
» compose le *rayon lumineux* a été infléchie dans sa route par une
» cause quelconque, nous supposons les objets placés sur le dernier
» prolongement de leur dernière direction ; c'est ce qui arrive dans
» les réfractions atmosphériques. »

257. A combien de graves objections ce début donne-
t-il lieu ! D'abord c'est sur un *il paraît* que l'auteur
appuie la *théorie de l'aberration*, de laquelle il veut tirer
la preuve de la translation de la terre sur l'écliptique.

Après avoir employé la plus grande partie de son ouvrage
à prévenir le lecteur sur le peu de certitude, sur le danger
des apparences, il lui dit tout à coup : Oubliez tout ce que
je vous ai appris sur les illusions auxquelles nous sommes
exposés ; le *il paraît* que je vous présente est une exception ; vous devez le regarder comme article de foi et vous
appuyer sur lui en toute sûreté.

Mais, M. Biot, *votre choc hypothétique des molécules
lumineuses sur la rétine repose sur la théorie de l'émission,*
que le célèbre Euler, dans ses lettres à une princesse
d'Allemagne, n'a pas hésité à qualifier d'*absurde* (1).
D'ailleurs, cette doctrine de l'*émission* est à peu près
abandonnée de nos jours ; vous en fournissez vous-même

---

(1) Dans sa 17ᵉ lettre, du 7 juin 1760, Euler dit : «
« Le grand Newton a embrassé le premier système et soutenu que
» les rayons lumineux sortent réellement du corps de cet astre (le
» soleil) d'où les particules de la lumière sont lancées avec cette vitesse
» inconcevable qui les porte jusqu'à nous à peu près en 8 minutes.
» Ce sentiment, qui est celui de la plupart des philosophes modernes,
» et surtout des Anglais, est nommé le système de l'émanation......
» Ce sentiment paraît d'abord fort hardi et *choque la raison.* »

Après avoir indiqué en quoi ce système choque la raison, Euler
termine ainsi sa lettre :

« Je crois que tous ces inconvénients convaincront suffisamment
» V. A. que le système de l'émanation *ne saurait, en aucune manière,
» avoir lieu dans la nature,* et V. A. sera sûrement bien étonnée
» qu'il ait été imaginé par un si grand homme, et embrassé par
» tant de philosophes éclairés. Mais Cicéron a déjà remarqué *qu'on
» ne saurait rien imaginer de si absurde, que les philosophes ne
» soient capables de soutenir.* Quant à moi, je suis trop peu philo-
» sophe pour embrasser ce sentiment. »

Euler revient sur le même sujet dans sa lettre 18ᵉ, du 10 juin
1760 ; il la commence ainsi :

« *Quelque étrange* que puisse paraître à V. A. le sentiment du
» célèbre Newton, *que les rayons proviennent du soleil par une*

la preuve à la page 141, vous rapportez des expériences faites avec le prisme par **M.** Arago, sur l'invitation de **M.** Laplace, *qui ont conduit l'observateur à des résultats contraires à ce système.* Puis vous ajoutez :

258. «Cette égalité de déviation qui paraît au premier coup d'œil
» directement contraire à la théorie de Newton, peut néanmoins s'y
» ramener, comme l'a fait M. Arago, *en supposant que les corps*
» *lumineux lancent dans toutes les directions des molécules de*
» *lumière, douées d'une infinité de vitesses différentes, parmi les-*
» *quelles il n'y en a qu'une seule qui convienne à nos organes, et*
» *qui puisse produire sur nous la sensation de lumière* ; mais, d'un
» autre côté, si l'on admettait que chaque point d'un corps lance une
» infinité de molécules de vitesses différentes dans la même direction,
» il semble que plusieurs de ces molécules devraient se choquer dans
» leur trajet depuis l'astre jusqu'à nous, et *il est difficile de com-*
» *prendre comment il en resterait toujours qui conservassent la*
» *même vitesse.*

» *Ces considérations, et beaucoup d'autres, prouvent que nos con-*
» *naissances sur la nature de la lumière sont encore fort impar-*
» *faites.* »

» *émanation continuelle*, il a pourtant trouvé une approbation si
» générale, que presque personne n'osait en douter. »

Euler met en évidence la contradiction qui existe entre le système du vide et celui de l'émanation de la lumière, puis il ajoute :

« Ainsi Newton, craignant qu'une matière subtile, telle que Des-
» cartes la supposait, ne troublât le mouvement des planètes, fut
» conduit à un expédient bien étrange et *tout à fait contraire à sa*
» *propre intention ;* puisque, par ce moyen, les planètes devraient
» essuyer un dérangement infiniment plus considérable. J'ai déjà eu
» l'honneur d'exposer à V. A. bien d'autres difficultés insurmonta-
» bles, dans le système de l'émanation ; et nous voyons à présent
» *que la principale, et même la seule raison qui ait engagé Newton*
» *à ce système, est si contradictoire en elle-même, qu'elle le renverse*
» *tout à fait.* »

Assurément l'opinion de Euler, motivée comme il l'a fait, ne peut laisser aucun doute que la vision n'est pas, comme le suppose M. Biot, causée par *des séries de molécules composant les rayons lumineux.*

259. Ces considérations prouvent non-seulement l'imperfection des théories des physiciens sur la lumière et
la vision, mais encore la fausseté de ces théories, ainsi
qu'il serait facile de le démontrer en partant de la cause
connue de la pesanteur et de la gravitation; mais ce
n'est point ici le lieu d'improviser un système tronqué de
la vision, dont je ne pourrais offrir le développement et
les preuves sans entrer dans des détails qui m'écarte-
raient de mon but. Il me suffit que M. Biot reconnaisse
l'imperfection de ses connaissances sur le mode d'action
de la lumière, et je lui demande alors comment il ose
s'appuyer sur une base aussi fragile pour construire ses
fameux parallélogrammes d'aberration, qu'il faut bien
mettre sous les yeux de nos lecteurs, ne fût-ce que pour
leur donner une preuve de la faculté qu'ont les savants
de présenter ou de soutenir les idées les plus étranges,
ainsi que Euler le dit après Cicéron.

260. « Le problème (de l'aberration de la lumière), envisagé de
» la manière la plus générale, consiste en ceci : L'astre et l'obser-
» vateur étant tous les deux en mouvement, suivant des lois quel-
» conques données, déterminer à chaque instant l'angle formé par les
» rayons visuels menés au lieu apparent de l'astre et à son lieu réel. »

261. « Pour commencer par le cas le plus simple, supposons d'abord
» que l'astre est immobile, et que la terre est en mouvement. Soit
» donc à un instant quelconque S l'astre, T la terre (fig. 3, pl. 2); l'un
» et l'autre étant considérés comme des points. Le rayon visuel ST
» représente la direction suivant laquelle la lumière de l'astre par-
» vient réellement à la terre. Mais l'observateur ne verra point l'astre
» sur cette direction, car étant lui-même en mouvement suivant la
» ligne TT', *il choque la molécule lumineuse* avec toute sa vitesse à
» l'instant où elle lui parvient; et comme il se croit lui-même en
» repos, il attribue cet effet à un mouvement propre de la lumière en
» sens contraire. De là résulte, pour l'observateur, une sensation com-
» posée de la vitesse réelle de la molécule suivant la direction ST et
» de celle qu'il lui suppose, suivant la direction T*t* opposée au mou-
» vement de la terre. Cette composition de mouvements produit sur

» l'œil une impression exactement semblable à celle qu'il aurait
» éprouvée s'il eût été immobile et que la molécule lumineuse l'eût
» choqué suivant la résultante des deux vitesses. Ainsi, pour obtenir
» la direction apparente du rayon visuel TS', il faut, selon le prin-
» cipe de la composition des forces, prendre sur le prolongement du
» rayon réel ST, et à partir du point T, une ligne T*s*, qui représente
» la vitesse propre de la lumière ; prendre ensuite sur la direction
» T*t*, du mouvement de la terre, et en sens contraire de ce mouve-
» ment, une ligne T*t* qui représente sa vitesse, et enfin sur les droites
» T*s*, T*t* construire le parallélogramme R*t* T*s*. La diagonale RTS' de
» ce parallélogramme, étant indéfiniment prolongée, indiquera la
» direction apparente du rayon lumineux à l'instant où l'observateur
» le reçoit, et l'angle STS', formé par cette diagonale avec le rayon
» visuel réel, sera l'aberration que la lumière éprouve en vertu du
» mouvement de la terre. »

262. « Passons maintenant au cas général où l'observateur et
» l'astre sont l'un et l'autre en mouvement (voy. fig. 4, pl. 2). Supposons
» qu'à l'instant où *l'observateur reçoit l'impression* du rayon lumi-
» neux, T soit le lieu de la terre et S le lieu réel de l'astre. Alors TS
» sera le rayon visuel réel. Mais la molécule lumineuse qui parviendra
» dans cet instant à la terre, n'aura point été lancée suivant cette
» direction, car, à cause de la transmission successive de la lumière,
» lorsque l'astre se trouve en S, la lumière qu'il émet en ce point ne
» parvient en T qu'après un certain intervalle de temps. Pour trouver
» le point S' d'où est parti le rayon lumineux, qui arrive en T à la
» terre, à l'instant où l'astre se trouve en S, il faut reculer un peu
» en arrière sur son orbite, et y prendre l'arc SS' égal au chemin
» que fait l'astre pendant le temps que la lumière emploierait pour
» parcourir la distance ST en vertu de son seul mouvement d'émis-
» sion. En effet, lorsque l'astre se trouve en S', la *molécule lumi-*
» *neuse qu'il lance,* suivant la direction S' R' parallèle à ST, *est*
» *animée de deux vitesses:* l'une est le mouvement de l'astre suivant
» la direction S'S, l'autre le mouvement de transmission de la lumière
» suivant S'R' égal et parallèle à ST. Ces deux vitesses peuvent être
» représentées par les lignes droites S'S et S'R', puisque ces lignes
» expriment leurs effets dans le même intervalle de temps. Par con-
» séquent, si l'on construit sur ces droites le parallélogramme S'
» STR', le mouvement réel et absolu de la molécule lumineuse se
» fera suivant la direction S'T, et elle parviendra en T à la terre à
» l'instant où l'astre sera parvenu en S sur son orbite.

263. « Cette construction suppose que l'arc S'S est assez petit pour
» qu'on puisse le considérer comme rectiligne. Mais, dans tous les
» cas que présente le système du monde, la marche des astres est
» si lente, comparativement à la vitesse de la lumière, que la sup-
» position précédente ne peut entraîner aucune erreur. »

264. « Si l'on veut effectuer cette composition des vitesses autour
» du point T, comme dans le premier cas que nous avons considéré
» d'abord, il faudra mener par ce point une ligne Ts' parallèle à
» l'orbite S'S de l'astre, c'est-à-dire à la direction de sa tangente en
» S', et dirigée dans le sens de son mouvement propre. Sur ce pro-
» longement on prendra une droite Ts' pour représenter la vitesse
» de l'astre en S' ; on prolongera de même la direction ST du rayon
» visuel, mené au lieu réel de l'astre ; et sur ce prolongement on
» prendra une ligne Ts pour représenter la vitesse de transmission
» de la lumière. On construira sur ces droites le parallélogramme
» rsTs' et sa diagonale rT prolongée donnera la direction réelle du
» rayon lumineux, qui parvient en T à la terre au moment où l'astre
» se trouve en S. »

265. « Maintenant la molécule lumineuse venue en T, suivant la
» direction S'T, est choquée par l'observateur avec toute la vitesse
» du mouvement de la terre, et *cette sensation composée* fait que
» l'observateur ne voit pas l'astre en S' sur la direction réelle du
» rayon lumineux, mais en avant de cette direction et par exemple
» en S''. Il est évident que ce cas rentre dans celui que nous avons
» examiné d'abord relativement aux astres fixes. Pour trouver la
» direction du rayon apparent TS'', il faut composer la résultante Tr,
» qui indique la direction réelle du rayon lumineux, avec la vitesse
» tT de la terre prise en sens contraire, ou, ce qui revient au même,
» il faut, en définitif, composer ensemble autour du point T les
» trois vitesses Ts, Ts', Tt, de la lumière, de l'astre et de la terre ; les
» deux premières étant prises dans leur direction naturelle, la troi-
» sième dans une direction opposée. La résultante de ces trois vitesses
» exprime la direction TR du rayon apparent ; et l'angle STS'', formé
» par ce rayon avec la ligne TS menée au même instant de l'œil de
» l'observateur au lieu réel de l'astre, sera l'aberration que la
» lumière éprouve. »

266 Cette citation est longue, mais je n'ai pas voulu
la remplacer par une analyse plus courte, en supprimant
les figures. Quand on discute les idées d'un auteur sur

un sujet aussi scabreux, on doit craindre de les dénaturer et les présenter au lecteur comme il les a présentées lui-même.

267. En résumant ce qui précède, on voit que tout se réduit à la construction de parallélogrammes de vitesses, dont une des composantes est *la vitesse des molécules lumineuses* que le célèbre Euler déclare *ne pas exister, ne pouvoir exister, et dont l'admission par Newton l'a jeté dans de telles contradictions que ses deux systèmes, l'émission de la lumière et le vide des cieux, sont renversés l'un par l'autre.*

268. Les autres composantes sont : 1° la vitesse de translation des étoiles que l'on ne connaît pas ; 2° la vitesse de translation de la terre, qui est également inconnue, ou plutôt qui est fausse, puisque l'on suppose la terre décrivant l'écliptique, hypothèse évidemment erronée.

269. Ces compositions de vitesses, avec des éléments aussi étranges, ont pour objet d'arriver à la connaissance *de la direction d'impression, sur notre œil, de la lumière, dont M. Biot reconnaît que nous ne connaissons qu'imparfaitement la nature et le mode d'action.*

270. C'est avec tous ces éléments si bizarres, si incomplets, si imparfaits, qu'on a la prétention de transformer en preuve mathématique la métaphysique la plus obscure sur des objets inconnus, et, pour combler la mesure, on fait ce qui s'appelle un cercle vicieux : *On commence par poser en principe que la terre se meut sur l'écliptique du soleil;* puis, après avoir fabriqué une aberration imaginaire, à l'aide de laquelle on espère expliquer des phénomènes dont on ne comprend pas la cause, et qui sont inexplicables dans l'hypothèse du mouvement elliptique

de la terre autour du soleil, on *conclut que l'aberration des étoiles, ou plutôt les mouvements apparents de ces astres, prouvent le mouvement de translation de la terre sur l'écliptique.*

271. Si les astronomes se fussent bornés à dire que les mouvements apparents des étoiles prouvaient que la terre avait un mouvement de translation, ils eussent eu parfaitement raison.

272. S'ils eussent ajouté que les étoiles devaient toujours paraître marcher en sens contraire du mouvement de la terre, en sorte que quand celle-ci avance vers le nord, les étoiles paraissent avancer vers le midi, et réciproquement; ils auraient été dans le vrai.

273. Alors ils auraient vu que, quand les étoiles changeaient de direction apparente, la terre changeait la direction de son mouvement réel de translation. Quand ils auraient vu les étoiles rétrograder du sud vers le nord, ils auraient conclu que la terre rétrogradait réellement du nord vers le sud; quand ils auraient vu les étoiles rétrograder vers l'Orient, ils auraient conclu que la terre rétrogradait vers l'Occident, et ainsi de suite. Ils eussent déduit des observations des mouvements apparents des étoiles les mouvements réels de la terre, auxquels j'ai été conduit par la composition des forces qui la font mouvoir, et n'auraient pas été obligés de recourir à la métaphysique obscure des *impressions lumineuses*, que M. Biot a empruntées à d'Alembert, et rendue aussi claire qu'il était possible de le faire dans un semblable sujet.

274. Au reste, la prétendue diagonale d'aberration ne fût-elle pas imaginaire, nous pourrions, sans grande erreur, nous dispenser d'y avoir égard, en profitant de

l'argument que M. Biot et Laplace nous fournissent. En effet, après avoir recherché les apparences qui doivent résulter du mouvement de translation de la terre sur l'écliptique, M. Biot ajoute :

275. « Le mouvement de rotation de la terre doit pro-
» duire des effets analogues ; mais ce mouvement étant
» 60 fois plus faible, à l'équateur même, que celui de
» révolution autour du soleil, l'effet qui en résulte est
» d'être beaucoup moins sensible, et par conséquent nous
» pouvons nous dispenser d'y avoir égard dans ces pre-
» mières considérations. »

Laplace dit aussi qu'*on peut faire abstraction du mouvement de rotation de la terre.* (*Système du monde*, page 106.)

276. Or nous avons démontré qu'au lieu de décrire une courbe de 76 millions de lieues de diamètre, la terre en décrit une d'environ 577 254 lieues de diamètre ; sa vitesse, au lieu d'être de 415 lieues par minute, n'est que d'environ 7 lieues, comme celle des points de son équateur, par suite du mouvement de rotation ; nous pouvons conclure à notre tour que, s'il y avait une aberration, elle serait à peine sensible pour nous à cause du peu de vitesse du globe sur lequel nous sommes placés.

277. A l'appui de ses raisonnements M. Biot a donné un tableau de variations en déclinaison et en ascension droite de trois étoiles très brillantes, *Régulus*, la *Chèvre* et la *Lyre*, observées à Paris, de mois en mois pendant une année ; mais ce tableau ne peut être d'une grande utilité, parce que chaque observation représentée par les nombres qu'il contient est un milieu entre celle de plusieurs jours consécutifs. Or ces moyennes font précisément disparaître les changements résultant des rétrogradations de la terre, soit en déclinaison, soit en ascension droite ;

il en résulte que l'orbite de la terre que l'on en déduirait pourrait paraître elliptique au lieu d'être épicycloïdale. Mettons cette vérité en évidence.

278. Supposons que la courbe de rétrogradation soit un cercle dont les diamètres en déclinaison et en ascension droite soient de 60 000 lieues; que les observations aux extrémités nord et sud donnent une différence en déclinaison de deux secondes pour une étoile, et que la terre, marchant vers le nord, ait mis 12 jours pour exécuter sa rétrogradation en déclinaison vers le sud. Il en résultera que l'étoile qui paraissait marcher vers le midi reviendra vers le nord en rétrogradant de 2″, puis la terre reprenant sa marche directe vers le nord, l'étoile reprendra sa marche directe vers le sud; quand la terre se retrouvera à la distance de l'équateur où elle était avant la rétrogradation, l'étoile se trouvera à la déclinaison où elle était 24 jours avant; si l'on prenait la moyenne entre ces deux observations à 24 jours d'intervalle, on en conclurait qu'elle n'a pas changé de déclinaison, et cependant elle aurait paru parcourir 2″ du midi au nord et 2″ du nord au midi, à celui qui aurait fait des observations suivies chaque jour. Les observations faites à un mois d'intervalle sont donc tout à fait insuffisantes et prouvent le danger de s'en tenir à des mouvements moyens.

279. Ce que je viens de dire relativement aux mouvements apparents des étoiles en déclinaison, s'applique évidemment aux mouvements en ascension droite, et démontre clairement l'insuffisance des observations moyennes du tableau de M. Biot. Je ne m'étendrai donc pas davantage sur son examen et sur les conséquences qu'on en peut tirer; je laisse de côté les ellipses d'aberration auxquelles il arrive, qui se déduisent naturellement de notre orbite, sans recourir à l'aberration,

d'autant plus qu'il est forcé de reconnaître que par la méthode qu'il emploie :

« On n'a que la loi des variations. Il reste à déterminer
» leur valeur absolue et numérique. Car, quoique l'on
» puisse bien, ainsi que nous l'avons fait d'abord, la con-
» clure de la vitesse de la terre, comparée à celle de la
» lumière, telle que la donnent les éclipses des satellites
» de Jupiter, *toutefois, comme cela suppose les mouvements*
» *de ces astres parfaitement connus, on pourrait con-*
» *server quelques doutes sur l'exactitude des résultats*
» *obtenus de cette manière.* Voyons donc à déduire, des
» seules observations d'étoiles, la quantité absolue de
» l'aberration. » (Tome III, page 132.)

280. C'est donc aux observations d'étoiles qu'il faut, d'après M. Biot, en revenir, ainsi que je l'ai dit moi-même ; mais ces observations doivent se faire sans parti pris à l'avance, et la comparaison du système de l'aberration avec celui des rétrogradations de la terre décidera, comme je l'ai dit, la question en dernier ressort.

281. En résumé, M. Biot et moi nous sommes d'accord sur ce fait capital : *Les mouvements apparents des étoiles prouvent incontestablement que la terre a un mouvement de translation dans l'espace.*

282. Pour arriver à cette conclusion je n'avais pas même besoin de recourir aux étoiles ; puisque les deux forces principales qui agissent sur la terre ne sont ni égales, ni directement opposées, elle doit nécessairement se mouvoir. D'ailleurs, nous avons prouvé que la pesanteur des corps est causée par le mouvement de translation. La réciproque a lieu : où il y a pesanteur il y a mouvement de translation.

283. Les points sur lesquels je diffère d'opinion avec

M. Biot sont : la nature, l'étendue et la durée des révolutions tropiques de la terre.

284. M. Biot met la terre sur l'écliptique et lui fait parcourir une courbe de plus de 68 millions de lieues de diamètre en une année.

285. Partant des données consignées dans la *Connaissance des temps* et de l'action des forces qui font mouvoir la terre, je prouve, au contraire, qu'elle exécute deux révolutions tropiques chaque année, que le diamètre de chaque orbite est à peu près égal à la demi-différence entre la plus grande et la plus petite distance du soleil à la terre.

286. L'adoption de l'orbite de M. Biot, ou plutôt de Copernic, ne repose que sur une vague et fausse analogie ; l'adoption de la mienne repose sur des observations astronomiques innombrables et sur des preuves mathématiques incontestables.

287. Pour expliquer les mouvements apparents des étoiles, M. Biot est obligé de se jeter dans des considérations obscures de métaphysique sur les impressions produites par la lumière sur la rétine, tout en reconnaissant l'imperfection de nos connaissances sur ce sujet délicat. Cette orbite conduit à des distances absurdes pour les étoiles visibles à la terre.

288. Pour expliquer les mêmes phénomènes, il me suffit de faire voir que les positions de la lune influent sur la direction du mouvement de la terre et la font rétrograder en ascension droite et en déclinaison, quand la lune approche des oppositions, tandis que son mouvement redevient direct quand l'influence solaire redevient prépondérante, et à plus forte raison quand les attractions solaire et lunaire agissent de concert, comme cela a lieu

vers les conjonct'ons; l'orbite ainsi obtenue donne des para'laxes et des distances parfaitement convenables pour des étoiles.

289. Un homme aussi éclairé que M. Biot peut très bien se borner à exposer clairement l'état des connaissances au moment où il écrit, sans chercher à faire des découvertes que ses prédécesseurs n'ont pu faire : mais quand des idées nouvelles sont présentées avec précision, quand il s'agit de prononcer entre deux explications d'un même phénomène, un esprit aussi juste et aussi vaste ne peut se tromper. Aussi j'en appellerais volontiers à M. Biot, je l'accepterais avec plaisir pour juge dans cette question. Alors je lui rappellerais le passage suivant, par lequel il débute dans le chapitre XII, consacré aux *stations* et aux *rétrogradations* des planètes, qu'il considère comme de simples apparences, tandis qu'elles sont aussi réelles pour les autres planètes que pour la terre.

290. « Lorsque, dans les recherches physiques, *on a le bonheur*
» *de parvenir à la vérité, elle ne sert pas seulement pour prévoir*
» *les phénomènes et trouver la raison de ceux qui paraissaient au-*
» *paravant inexplicables; mais, ce qui est également précieux, tous*
» *les faits précédents s'éclairent, leurs lois se simplifient, et l'on*
» *peut en quelque sorte les embrasser plus facilement. Cette double*
» *influence, qui s'étend sur les recherches futures et sur les décou-*
» *vertes passées, est le caractère le plus ordinaire de la vérité et*
» *l'indice le plus sûr qu'on la connaît.* »

291. M. Biot est un honnête homme qui, comme il le dit à la page xij de son discours préliminaire, s'il s'est trompé en quelque chose, n'a au moins jamais cherché à cacher l'erreur ou à dissimuler les difficultés.

292. « J'ai, au contraire, dit-il, cherché à indiquer ces dernières aussi
» nettement et précisément qu'il m'a été possible. *Tromper les jeunes*
» *gens dans l'étude des sciences, c'est la manière la plus funeste et*
» *la plus sûre de gâter à jamais leur jugement.* »

293. Ce sont donc les lumières et la conscience de l'honnête homme, *qui ne veut pas tromper les jeunes gens dans l'étude des sciences*, que j'invoque. Saura-t-il secouer le joug des préjugés et les habitudes d'une longue carrière scientifique, consacrée à l'enseignement? Je l'espère. Les esprits médiocres sont opiniâtres ; les hommes transcendants ne craignent point de revenir sur des opinions qui n'avaient pas été suffisamment approfondies ; ils savent qu'on s'honore et qu'on s'associe en quelque sorte à la gloire d'une invention, quand on est des premiers à la reconnaître et à la proclamer. J'aime à croire que M. Biot ne sera pas insensible à ce genre de gloire, dont il pourra d'ailleurs tirer un grand avantage pour l'amélioration et la rectification de ses traités d'astronomie et de physique, soit en les faisant précéder d'une introduction nouvelle, soit en y joignant un mémoire complémentaire, dont il trouvera les éléments dans le résumé suivant.

294. Quoi qu'il en soit, je livre avec confiance cet ouvrage au jugement des hommes compétents, bien convaincu qu'un peu plus tôt ou un peu plus tard les idées nouvelles qu'il renferme feront la plus heureuse des révolutions dans les sciences physico-mathématiques et dans les sciences naturelles.

CHAPITRE XI ET DERNIER.

295. Le titre de cet ouvrage annonce *la découverte de la véritable cause physique de la pesanteur des corps terrestres et de la gravitation universelle des corps célestes.* Il dit que cette découverte doit servir *d'introduction, de complément, de rectification* à tous les traités sur les sciences physico-mathématiques et les sciences naturelles existants, et de base aux ouvrages qui seront à l'avenir composés sur ces sciences.

296. Ai-je satisfait aux conditions de cette espèce de programme? Ai-je réellement fait connaître la *véritable cause physique de la pesanteur et de la gravitation universelle, sa fécondité et le parti qu'on en peut tirer pour la solution des problèmes les plus importants, les plus difficiles, et pour la rectification des erreurs dont tous les ouvrages scientifiques, particulièrement ceux sur l'astronomie et la physique, sont remplis?* C'est ce que je vais examiner en résumant les dix chapitres précédents, avec la conscience que j'y mettrais si cet ouvrage était composé par un autre, et que je dusse en présenter l'analyse raisonnée.

297. Après avoir rappelé l'aveu de Newton, dans ses *Principes mathématiques de la philosophie naturelle,* qu'il n'avait pu parvenir à déduire des phénomènes la véritable cause de la gravitation, je suis entré en matière, sans préambule (n⁰ˢ 1 à 5).

298. Dans le chapitre premier, consacré à la recherche de la cause physique de la pesanteur des corps à la surface de la terre, j'ai prouvé que cette pesanteur était due au *mouvement de translation de la terre dans l'espace.*

299. En effet, tout corps solide enveloppé par un fluide élastique, qui entre en mouvement, laisse derrière lui des vides, vers lesquels le fluide environnant se précipite avec une extrême vitesse; il en résulte un courant atmosphérique qui presse la partie d'arrière du corps, avec une force proportionnelle à la différence de vitesse du fluide se dirigeant vers le vide et celle du corps. Si ce corps est sphérique, *le vide formé est égal à la surface du grand cercle multipliée par la vitesse du centre.*

300. La partie antérieure du globe refoule le fluide qui est sur sa route, le fluide réagit contre cette pression et presse lui-même le globe, comme ferait un courant atmosphérique dirigé en sens contraire du mouvement, avec une vitesse égale à celle du centre du globe.

301. *Le globe se trouve donc pressé dans tous les sens, et tous les corps placés dans l'atmosphère qui l'environne, sont forcément ramenés à sa surface* (6 à 13).

302. Or il est évident que la réciproque a lieu : *De même que le mouvement d'un globe environné d'un fluide élastique engendre la pesanteur,* on peut conclure que *le globe sur lequel l'action de la pesanteur se fait sentir est en mouvement.*

303. Ainsi, dès le premier pas, nous avons mis en évidence le mouvement de translation de la terre, que Ptolémée et un grand nombre d'astronomes regardaient comme une absurdité et que les coperniciens n'avaient pu démontrer.

304. Dans le chapitre deuxième, consacré à la généralisation de cette conclusion et à son application à la gravitation universelle, j'ai fait voir que tous les corps célestes étant des globes entourés d'un fluide élastique, nommé *atmosphère, leur mouvement de translation donne*

lieu à la pesanteur des corps à leur surface, et réciproquement, par cela seul que la pesanteur existe à leur surface, ce qui est prouvé par leur existence même, ces corps sont en mouvement.

305. Il résulte de là que *le mouvement est la loi générale de la nature, que le soleil y est soumis comme les autres corps.* Les coperniciens, qui ont placé cet astre immobile au centre de notre système planétaire, ont commis une erreur très grave, ce que nous démontrons d'ailleurs par d'autres considérations.

306. La cause de la pesanteur à la surface de la terre et des corps célestes, prouve de là manière la plus évidente *l'existence d'un fluide élastique universel répandu dans les espaces célestes,* nommé éther; car de même que l'atmosphère de la terre se dirige vers les vides que ce globe laisse derrière lui, *s'il existait dans l'espace d'autres vides, les atmosphères de la terre et des corps célestes se disperseraient dans ces vides immenses et ces atmosphères cesseraient d'exister.*

307. Toutes les atmosphères communiquent donc entre elles par l'intermédiaire d'un fluide élastique, d'où il suit que *vers chaque centre de mouvement, il s'établit un courant éthéré partant des autres corps, qui les attire vers ce centre, en même temps qu'il est attiré vers chacun des autres.*

308. L'attraction exercée par chaque centre de mouvement dépend évidemment de la grandeur de l'espace vide qu'il laisse derrière lui; cet espace est égal à la surface du grand cercle multipliée par l'espace parcouru. Ainsi *l'attraction exercée par chaque corps sur les corps environnants est en raison directe de la surface de son grand cercle multipliée par sa vitesse.*

309. Les surfaces des cercles sont proportionnelles aux carrés de leurs rayons et de leurs diamètres, les rayons et les diamètres diminuent proportionnellement aux distances d'où on les observe, d'où il suit que l'attraction diminue comme les carrés des distances augmentent; autrement dit, *l'attraction de la terre et des corps célestes les uns vers les autres agit en raison inverse du carré des distances* (n°s 14 à 29).

310. Dans le chapitre troisième, j'ai jeté un premier coup d'œil sur l'influence qu'exercera cette explication de la cause de la pesanteur et de la gravitation universelle sur les progrès des sciences physico-mathématiques et des sciences naturelles. Cette loi générale peut encore être transformée de manière à la rendre plus féconde. On peut dire : *tous les phénomènes sont la conséquence nécessaire, indispensable, de la succession du plein et du vide, résultant du mouvement de translation du globe terrestre et des corps célestes.*

311. Cette manière d'envisager les phénomènes nous donne l'explication très simple d'un grand nombre de faits qui, jusqu'à ce jour, ont été mal analysés et mal compris, surtout en physique. *Chaque individu peut être considéré comme un centre de mouvement.* Nous ne faisons pas un geste qui ne déplace un certain volume d'air, et donne lieu à des courants atmosphériques dont l'influence se fait sentir à des distances plus ou moins éloignées. Ainsi, par exemple, dans le pendule électrique, formé par une boule de moelle de sureau; lorsque le physicien approche la main de cette boule, il ne s'aperçoit pas que d'une part la partie de son corps tournée vers la boule refoule l'air, tandis que derrière lui se forme un vide qui l'attire; il en résulte par conséquent *des courants en sens contraires qui doivent nécessairement produire des oscilla-*

tions dans le petit corps léger soumis à l'action de ces courants, indépendamment de tout phénomène électrique, des attractions et des répulsions.

312. J'aurais pu multiplier les exemples à l'infini, mais il m'a paru plus convenable de les réserver pour les chapitres qui seront consacrés à chaque science en particulier. Il suffit de ce qui précède pour faire voir que chaque être a son rôle dans la nature. Le ciron, par son mouvement, produit des effets analogues à ceux du soleil ; seulement, ils sont sur une échelle infiniment petite, tandis que les effets solaires sont sur une échelle immensément grande (n°⁵ 30 à 38).

313. Assurément, quand je me serais borné aux trois premiers chapitres de cet ouvrage, j'aurais rendu un immense service aux sciences physico-mathématiques et aux sciences naturelles ; j'aurais ouvert un vaste champ aux hommes spéciaux, en leur laissant le soin d'en tirer toutes les conséquences. Mais il eût été dangereux de laisser à des étrangers le soin de développer des vérités qui peuvent contrarier leurs vues ou blesser leur amour-propre. Je me suis en conséquence décidé à présenter moi-même l'application de ces idées au perfectionnement de l'astronomie et à la correction des principales erreurs, qui ont fait de cette science sublime et simple une espèce de grimoire au-dessus de l'intelligence, non-seulement du vulgaire, mais des savants les plus distingués qui ne se laissent point séduire par des mots et des phrases plus ou moins sonores.

314. Dans le chapitre quatrième j'ai commencé par poser le principe général et fondamental du mouvement hélicoïde apparent des corps célestes.

315. Deux grands phénomènes fixent l'attention de

toutes les classes de l'espèce humaine et même des animaux, surtout dans les climats situés en dehors de
l'écliptique.

316. Le froid pendant l'hiver, la chaleur pendant l'été,
la longueur des jours et des nuits sont liés intimement
avec les positions du soleil; ces énormes différences de
température tiennent principalement à la différence des
déclinaisons de cet astre, qui est d'environ 47 degrés aux
deux solstices. Ce mouvement apparent du soleil, combiné avec son mouvement diurne apparent, fait que cet
astre paraît décrire une espèce de vis qui s'étend d'un
tropique à l'autre, dont les filets sont très serrés vers
les tropiques et s'écartent en avançant vers l'équateur.
Les astronomes anciens avaient parfaitement saisi la
question, en fixant la durée des révolutions solaires
d'après le temps employé pour passer d'un tropique à
l'autre et revenir au tropique de départ; ils ont eu grand
tort de suivre une marche différente à l'égard des autres
astres; car tous ont, comme le soleil, un mouvement en
déclinaison qui les porte alternativement au nord et au
sud de l'équateur, en même temps qu'ils participent au
mouvement diurne. Tous les astres paraissent donc décrire
des hélices ou filets de vis, comme le soleil; la seule différence est que les tropiques lunaires, planétaires et cométaires ne sont pas fixes, ou à peu près, comme ceux du
soleil, et que par suite des positions relatives de ces astres,
il se forme des tropiques intermédiaires, qui donnent lieu
à des rétrogradations où les choses se passent absolument de la même manière qu'aux tropiques extrêmes.
Pour fixer la durée des révolutions de chaque astre, il
faut donc examiner le temps qu'il emploie pour passer
de son tropique austral extrême à son tropique boréal
extrême et revenir à son tropique austral extrême.

317. Ainsi le *mouvement apparent, en forme de vis,* *est le premier qui frappe nos regards ;* il est universel et seul il suffit pour expliquer la production des jours, des nuits et des saisons, non-seulement par rapport au soleil, mais par rapport à la lune et à tous les autres astres (nᵒˢ 39 à 63).

En voyant tous les corps célestes assujettis à la loi du mouvement hélicoïde, la première question qui se présente est de savoir si ce mouvement est réel ou simplement apparent.

318. Le chapitre cinquième est consacré à la recherche des mouvements réels des corps célestes. Les distances énormes auxquelles le soleil, les planètes et surtout les étoiles, sont du centre de la terre, exigeraient des vitesses excessives et en quelque sorte infinies, pour que ces astres décrivissent les hélices diurnes apparentes ; mais, avec un peu d'attention, on reconnaît que les apparences seront les mêmes soit que le soleil se présente successivement à tous les méridiens en tournant autour de la terre d'orient en occident, ou que la terre présente successivement tous ses méridiens au soleil, en tournant sur son axe d'occident en orient ; il en est de même pour tous les autres astres. Il est donc naturel de penser que le mouvement diurne des corps célestes n'est qu'apparent, qu'il est produit par la rotation de la terre, qui fait en 24 heures une révolution autour de son axe, d'occident en orient ; de cette façon, l'objection relative aux vitesses impossibles disparaît : pour une étoile située à dix billions de lieues de la terre, il ne faut qu'une vitesse de neuf mille lieues en 24 heures aux points de l'équateur terrestre, tandis que si c'était l'étoile qui tournât, il lui faudrait une vitesse de plus de trente billions de lieues dans le même temps.

319. Cette rotation de la terre, que le raisonnement précédent rend vraisemblable, devient une certitude maintenant que nous connaissons la cause de la pesanteur et de la gravitation; j'aurais pu en donner la démonstration dès le chapitre premier, mais cela m'eût forcé à entrer prématurément dans la théorie de la lune, ce que j'ai dû éviter. Pour le moment, il me suffit de dire que la double action de cet astre imprime nécessairement à la terre un mouvement de rotation, parce que l'attraction produite par les vides que la lune laisse derrière elle et le refoulement du fluide qu'elle pousse devant elle sont deux forces qui agissent dans le même sens aux extrémités d'un diamètre et la font tourner autour du point d'appui qui est lui-même mobile; les eaux de la mer servent de volant pour régulariser le mouvement.

320. Ainsi, la rotation de la terre n'est plus une hypothèse, c'est un fait constant : elle ne peut se dispenser de tourner, d'après les forces qui lui sont appliquées tant par la lune que par le soleil.

321. Si tous les astres étaient en repos et que la terre seule tournât autour de son axe, d'un mouvement uniforme, tous ces astres emploieraient le même temps pour revenir au méridien ; mais le soleil, la lune et les autres astres ayant des mouvements en vertu desquels ils exécutent leurs révolutions tropiques, qui se composent d'un mouvement en ascension droite d'occident en orient et d'un mouvement en déclinaison du nord au sud et du sud au nord, il en résulte que ceux dont la vitesse angulaire en ascension droite est la plus grande doivent éprouver un retard pour le passage au méridien. C'est ce qui a lieu en effet, en sorte que le mouvement hélicoïde apparent des corps célestes d'orient en occident est une illusion d'optique causée par le mouvement de rotation de la

terre d'occident en orient en 24 heures, combiné avec le mouvement propre de chaque astre, sur la courbe qu'il paraît décrire dans ses révolutions tropiques. Ainsi, le mouvement diurne et annuel du soleil est produit par la rotation de la terre autour de son axe, combinée avec le mouvement propre annuel de cet astre sur l'écliptique, mouvement dont l'apparence est légèrement modifiée par le mouvement de translation de la terre dont nous avons prouvé l'existence (n°ˢ 63 à 79).

322. Voilà donc le système du monde parfaitement expliqué, le *mouvement propre de chaque astre* est facile à observer ; mais, pour en avoir une idée complète, il faut aussi connaître la courbe décrite par la terre dans son mouvement de translation : cette recherche est l'objet du chapitre VIII. Nous avons dû la faire précéder d'un examen raisonné du système de Copernic, afin de reconnaître ce qu'il a de bon et en quoi il est vicieux. Cet examen a été fait dans les chapitres VI et VII.

323. Dans le chapitre sixième, j'ai fait voir qu'autant la première partie du système de Copernic, celle relative au mouvement de rotation de la terre autour de son axe, était heureuse pour expliquer le mouvement diurne ; autant la seconde partie, celle relative au mouvement de translation de la terre sur l'écliptique, en plaçant le soleil immobile au centre de cette courbe, était malheureuse et absurde.

324. J'ai commencé par prouver que la démonstration donnée par les coperniciens, et particulièrement par M. Lalande, conduisait à l'absurde ; car, en l'appliquant mot à mot à la lune et à la terre, on pourrait en conclure que la terre tourne autour de la lune et fait le tour du zodiaque en 27 jours 7 heures 43 minutes 4 secondes, au lieu de le faire en 365 jours 6 heures.

325. De même en l'appliquant à Jupiter et à la terre, on serait conduit à conclure que la terre fait le tour du zodiaque en 11 ans 317 jours 8 heures 51 minutes 25 secondes, et ainsi de suite.

326. J'ai fait voir ensuite que cette hypothèse était inutile, puisque la vitesse restait la même, soit que le soleil parcourût l'écliptique ou que l'on mît la terre à sa place ; c'est toujours le même espace à parcourir dans le même temps, seulement le coursier est différent.

327. J'ai fait voir ensuite dans quelles contradictions cette hypothèse avait entraîné les meilleurs esprits, les savants les plus distingués. Ainsi M. Laplace, après avoir dit qu'*il est beaucoup plus simple de faire mouvoir la terre autour du soleil que de mettre en mouvement autour d'elle tout le système solaire*, dit à cinq pages de distance que *le soleil est en mouvement et transporte avec lui dans l'espace le système entier des planètes et des comètes*.

328. Puisque l'on reconnaît que le soleil a un mouvement de translation, pourquoi le retirer de sa courbe apparente pour le faire voyager à l'aventure, sans savoir ni d'où il vient ni où il va? (Nos 80 à 99.)

329. Dans le chapitre septième j'ai continué l'examen de cette hypothèse ; j'ai montré les effets comparatifs résultant des mouvements du soleil et de la terre sur l'écliptique.

J'ai fait voir que d'après la surface de son grand cercle et la vitesse de son centre, le soleil formait un vide de *cinq cent soixante billions sept cent quatre vingt-quatre millions cent quatre vingt-seize mille cent soixante-huit lieues cubiques* par seconde de temps ; que par suite de ces vides immenses tous les phénomènes solaires, tels que la chaleur, la lumière, l'électricité, etc, s'expliquaient naturellement *par les immenses frottements causés par les courants en sens contraire de l'atmosphère solaire, prodigieusement condensée vers les centres successifs.* Que par son mouvement, le soleil devenait le plus puissant ventilateur de notre système planétaire; que le vaste bassin de vide qu'il laissait derrière lui, donnait également l'explication de la marche de tous les corps célestes dans la même direction : le soleil était ainsi le remorqueur de toutes les planètes et le régulateur de leurs mouvements. Qu'ainsi cet astre rentrant dans la classe des autres corps célestes, il n'est plus nécessaire d'en faire *une fournaise ardente, dévorant tout ce qui l'approche,* comme l'a supposé Newton ; tous ses effets sont la conséquence de sa grosseur et de sa vitesse, qui empêche la chaleur développée par les frottements d'être destructive, pour les régions parcourues par cet astre.

330. J'ai fait voir ensuite que la terre, placée sur l'écliptique, et douée d'une vitesse de 415 lieues par minute, comme le soleil, produirait des vides qui ne seraient que la douze mille trois cent vingt et unième partie de ceux produits par le soleil, parce qu'il faudrait 12 321 grands cercles terrestres réunis pour former la surface du grand cercle solaire. L'immense bassin de vide qui attire toutes les planètes disparaîtrait ; la terre, au lieu de servir de directrice, serait ballottée au milieu des planètes plus grandes, telles que Jupiter. L'écliptique ne conserverait plus la même inclinaison sur l'équateur.

331. J'ai fait voir enfin que la terre n'avait point la vitesse de 415 lieues par minute, qui lui serait nécessaire pour décrire l'écliptique en un an, en m'appuyant même sur la théorie de Newton que l'attraction est proportionnelle aux masses ; car si la terre avait cette vitesse, son attraction serait $\frac{1}{12\,321}$ de l'attraction solaire, tandis que

d'après Newton la masse de la terre n'est que $\frac{1}{169\,280}$ de celle du soleil, et d'après Laplace elle est seulement $\frac{1}{354\,936}$, en sorte que la vitesse de la terre correspondante à ce dernier rapport devrait être égale à 354 936 divisé par 12 321, c'est-à-dire 29 fois moindre que la vitesse du soleil, ce qui réduirait le rayon de l'orbe terrestre à environ *un million cent quatre-vingt-quatre mille sept cent vingt lieues*.

332. A cette occasion, j'ai fait ressortir l'incertitude des méthodes adoptées pour trouver les masses des planètes, par les énormes différences entre les résultats obtenus par Newton et Laplace pour les masses du soleil et de la lune comparées à celles de la terre. Ainsi, d'après Newton, la masse du soleil est 169 280 fois plus grande que celle de la terre; d'après Laplace, elle est 354 936 fois plus grande, c'est-à-dire plus que double. D'après Newton, la masse de la lune est environ la quarantième partie de celle de la terre; d'après Laplace, elle n'en est que la soixante-huitième partie; et pourtant c'est sur ces résultats si différents que les astronomes modernes ont bâti le même système.

333. De cette discussion puisée au cœur de la partie sublime de l'astronomie, j'ai été conduit à cette conséquence importante. *La terre ne se meut pas sur l'écliptique; elle décrit une courbe beaucoup plus rapprochée du centre de l'orbe solaire* (n°ˢ 100 à 113).

334. Dans le chapitre huitième, j'ai commencé par présenter quelques considérations sur le fameux problème des trois corps; j'ai cité à ce sujet quelques passages du système du monde de Laplace, dont j'ai fait un examen critique raisonné, duquel il résulte clairement que l'auteur de la *Mécanique céleste* n'a point compris le rôle que la lune et les satellites des planètes remplissent

dans le système du monde. J'ai fait connaître ce rôle, et je suis parti de là pour chercher, par des approximations successives, la courbe décrite par la terre, par l'effet des deux principales forces qui lui sont appliquées, c'est-à-dire les attractions solaire et lunaire.

335. J'ai fait remarquer que la différence entre la plus grande et la plus petite distance du soleil à la terre était environ de 1 154 508 lieues ; cette différence est presque entièrement due au mouvement de translation de la terre : car en admettant l'attraction proportionnelle aux masses et supposant avec M. Laplace que la masse du soleil est 354 936 fois plus grande que celle de la terre, leurs attractions réciproques seraient dans le même rapport ; par conséquent l'attraction solaire ferait parcourir à la terre 354 936 lieues, tandis que l'attraction de la terre ne ferait parcourir qu'une lieue au soleil. Ainsi l'attraction de la terre ne peut changer sensiblement la forme de l'orbe solaire que l'on peut sans erreur sensible regarder comme circulaire ; alors la terre se trouverait au centre quand elle est à sa distance moyenne, c'est-à-dire vers le 31 mars et le 2 octobre ; elle se trouverait du même côté du centre que le soleil, quand elle est à sa plus courte distance, c'est-à-dire vers le 31 décembre ; et du côté opposé au centre, quand elle est à sa plus grande distance, c'est-à-dire vers le 4 juillet.

336. En suivant les mouvements du soleil et de la lune, on voit que pendant que le soleil parcourt un quart de son orbite, la lune exécute trois révolutions complètes et un peu plus de 90 degrés ; que ces derniers se combinent avec les 90 degrés parcourus par le soleil pour transporter la terre de sa distance moyenne à sa plus courte ou à sa plus grande distance, et la ramener de sa plus grande ou de sa plus petite distance à sa distance moyenne : en

sorte que les trois tours que la lune exécute en sus ont pour objet de régulariser le mouvement de la terre, d'empêcher l'accélération de son mouvement qui forcerait les trois corps soleil, terre et lune à se réunir, si la lune était douée d'une vitesse parallèle à celle de la terre et restait toujours en opposition, comme M. Laplace le proposait, afin que le soleil et la lune fussent successivement sur l'horizon pour éclairer la terre.

337. Pour rendre plus claires les considérations générales que j'ai présentées, je les ai en quelque sorte matérialisées, en construisant géométriquement l'orbite moyenne de la terre, d'après les données de la *Connaissance des temps pour l'an* 1856. J'ai indiqué une méthode très simple pour construire cette orbite, et son application m'a conduit à cette conséquence remarquable.

338. *Pendant que le soleil exécute sa révolution tropique annuelle et que la lune exécute ses treize révolutions tropiques, la terre exécute deux révolutions tropiques complètes, qui la transportent successivement du centre de l'écliptique jusqu'à 577 254 lieues dans l'hémisphère austral où se trouve son tropique de ce nom ; son tropique boréal se trouve près du centre de l'écliptique et pénètre très peu dans l'hémisphère boréal.* Ce qui donne l'explication de la forme elliptique de l'orbe solaire ; cet orbe fût-il circulaire, il ne nous paraîtrait point tel, puisque nous ne sommes placés à son centre qu'à deux époques, vers le 31 mars et vers le 2 octobre.

339. Cette orbite suppose que le rapprochement ou l'éloignement journalier de la terre au soleil est égal pour chaque jour de l'année ; mais j'ai fait voir que par la nature des forces qui agissent sur elle, le mouvement de la terre ne peut être régulier, puisque les positions relatives du soleil et de la lune changent à chaque instant, la ré-

sultante de leur action variant avec l'angle formé par les rayons vecteurs. Cette résultante est égale à la somme des attractions dans les conjonctions, et à leur différence dans les oppositions ; comme l'attraction lunaire l'emporte sur l'attraction solaire, il en résulte que vers les oppositions la terre doit avoir un mouvement rétrograde qui lui fait décrire de petites courbes fermées, qui sont réunies par les branches décrites pendant le mouvement direct qui a lieu avant et après les conjonctions.

340. D'où il résulte que *la terre décrit des épicycloïdes qui la transportent deux fois par an de sa distance moyenne, c'est-à-dire du centre de l'écliptique jusqu'à son tropique austral, à 577254 lieues de ce centre, et la ramènent également deux fois par an à cette distance moyenne.*

341. Cette orbite nous conduit à des conséquences fort remarquables relativement à l'orbite de la lune, aux vitesses de translation de la terre, de la lune, du soleil, et aux rapports de leurs forces attractives, ou plutôt *de celles des vides qu'ils laissent derrière eux.*

342. Il est évident que la terre et la lune se trouvant alternativement en conjonction et en opposition avec le soleil, elles agissent symétriquement l'une sur l'autre, décrivent des courbes de même nature ; seulement celles de la lune doivent envelopper celles de la terre, puisque tournant autour d'un même centre, l'attraction terrestre fait parcourir à la lune des espaces plus grands que ceux que l'attraction de la lune fait parcourir à la terre.

343. Nous avons ainsi trouvé *approximativement* que la vitesse de la terre était d'environ sept lieues par minute ; ce qui augmente d'autant les vitesses de la lune et

du soleil. Cette augmentation, qui est d'un tiers pour la lune, n'est que d'un soixantième pour le soleil. En partant de ce résultat, les vitesses des trois corps seraient à peu près, ainsi qu'il suit : soleil 60, lune 3, terre 1, d'où il suit que les attractions seraient : pour le soleil 739 270, pour la terre 1, pour la lune $\frac{1}{4,5}$; par conséquent le rapport de l'attraction solaire à l'attraction lunaire serait comme 3 326 670 est à 1.

Selon Newton, ce rap-
port serait égal à 169 280 × 40 = 6 771 200
Selon Laplace, il serait
égal à. . . . . . . 354 936 × 68 = 23 135 648

344. Ainsi le rapport déduit des calculs de Laplace est quadruple de celui déduit des calculs de Newton !

Il est évident que Newton a supposé la masse du soleil beaucoup trop faible, en lui donnant une densité égale au quart de celle de la terre. La masse trouvée par Laplace se rapproche davantage, mais est encore loin de la vérité.

L'attraction solaire est donc beaucoup plus grande qu'ils ne l'ont cru. Leur erreur relativement à l'attraction lunaire est encore plus considérable, puisque selon Laplace elle ne serait qu'un soixante-huitième de l'attraction de la terre. L'erreur de Newton sur ce point est moindre que celle de Laplace, puisqu'il suppose l'attraction lunaire d'environ un quarantième de celle de la terre

245. Par une contradiction à peu près inexplicable, les résultats obtenus par ces deux grands maîtres, pour les attractions du soleil et de la lune, c'est-à-dire de leurs masses, pêchent en sens contraire ; Newton est plus près de la vérité pour la lune, et Laplace pour le soleil !

346. J'ai terminé ce chapitre en signalant la contra-

diction dans laquelle Laplace est tombé, relativement au mouvement de la lune, aux pages 20 et 21 de l'*Exposition du système du monde*, où il dit d'abord que « *la lune » se meut dans un orbe elliptique dont la terre occupe un » des foyers.* » Puis ensuite il ajoute : « *Les lois du mouve- » ment elliptique sont encore loin de représenter les mou- » vements de la lune.* » J'ai fait connaître laquelle de ces versions est la bonne.

347. Après avoir déduit des mouvements moyens, consignés dans la *Connaissance des temps*, tout ce qu'il était possible d'en tirer pour arriver à la connaissance de l'orbite de la terre, j'ai consacré les deux derniers chapitres à l'examen des principales erreurs auxquelles la deuxième hypothèse de Copernic a conduit les astronomes modernes; j'ai indiqué les vérités qui doivent remplacer ces erreurs (n°s 114 à 200).

348. Le chapitre neuvième est consacré à l'*astronomie stellaire*. Après avoir exposé quelques notions relatives aux parallaxes des astres en général, et fait voir que la méthode suivie pour un astre rapproché de la terre, comme la lune, ne pouvait s'appliquer aux astres éloignés, comme les étoiles, et fait sentir la nécessité de substituer le rayon de l'orbite décrite par la terre, dans l'espace de six mois, à celui de ce globe, j'ai prouvé que les astronomes modernes, et particulièrement Arago, avaient commis des erreurs énormes, parce qu'ils ont supposé que le diamètre de l'orbite de la terre était de 76 millions de lieues, tandis qu'il n'est que d'environ 577-254 lieues ; ils ont donc supposé la base du triangle formé par les rayons visuels, menés des extrémités du diamètre de l'orbite de la terre aux étoiles, environ cent trente fois trop grande, et par suite ils ont trouvé des distances *cent trente fois trop grandes pour les étoiles.* Une autre cause d'erreur encore

plus considérable est résultée de ce qu'ils ont fait leurs observations à six mois d'intervalle à l'époque des solstices, puisque alors la terre était revenue à peu près au même point de son orbite, et par conséquent ils ne pouvaient trouver de parallaxe n'ayant que peu ou point de base, alors qu'ils supposaient qu'il y en avait une de 76 millions de lieues, *ce qui les conduisit à considérer ces 76 millions de lieues comme un infiniment petit relativement à la distance des étoiles à la terre. Quel infiniment petit !*

349. J'ai donné textuellement les parallaxes sur lesquelles M. Arago s'est appuyé, et les conséquences qu'il en a tirées relativement à la distance des étoiles les plus rapprochées, et au temps que leur lumière emploie pour arriver à la terre. J'ai fait l'examen critique raisonné des unes et des autres, en signalant les deux causes d'erreurs qui l'ont conduit à ces conséquences vraiment *étourdissantes*. J'ai rappelé, à cette occasion, les observations faites par *Picard*, par *Hook*, par *Molineux* et *Bradley*, rapportées dans l'astronomie de *Lalande*. J'ai discuté cette citation ; j'ai particulièrement appelé l'attention sur ce fait capital que, dans les observations de Bradley, au commencement de juin 1726, la déclinaison de l'étoile γ du Dragon changeait d'une seconde en trois jours, ce qui donne une parallaxe en déclinaison d'une seconde pour six jours. J'ai fait voir que l'espace parcouru par la terre en six jours était d'environ soixante mille lieues ; ce qui donnait pour la distance de l'étoile γ à la terre 206 265 $\times$ 60 000 $=$ 12 375 900 000, c'est-à-dire plus de 12 billions de lieues, ou 19 fois la distance d'Uranus à la terre et environ 325 fois la distance du soleil ; en sorte que, lors même qu'il faudrait neuf minutes à la lumière du soleil pour parvenir jusqu'à nous, il n'aurait pas fallu à γ plus

de cinquante heures pour que sa lumière nous arrivât. J'ai mis ainsi en évidence ce qu'il y avait de *fantastique* dans les temps que M. Arago accorde à la lumière de la Chèvre pour arriver à la terre, temps qui, d'après ses calculs, serait de *soixante-onze mille sept cent quarante-quatre ans*. J'ai fait voir enfin, que les observations citées par M. Lalande et les parallaxes mêmes données par MM. Henderson, Maclear, Struve, Bessel et Peters, citées par Arago, prouvent que la terre exécute deux révolutions tropiques dans un an, et que, pour avoir la parallaxe maxima de l'orbite de la terre, il faut faire les observations à trois mois d'intervalle et non à six près des solstices, parce que à six mois d'intervalle la terre se retrouve au même point, sauf les différences résultant des rétrogradations et de la précession des lunistices (n°⁵ 201 à 247).

350. Le chapitre dixième est consacré à ce que les astronomes ont improprement appelé *aberration de la lumière*, parce que ne pouvant expliquer les résultats de certaines observations, ils les ont attribués à une cause différente de celle qui les produit.

351. Au mois de décembre 1725, Bradley faisant des observations sur la marche apparente de l'étoile γ du Dragon, trouva que cette étoile paraissait aller du nord au sud. Si la terre eût décrit l'écliptique, comme il le supposait, elle eût alors marché vers le sud ; l'étoile γ devait donc, d'après son hypothèse, paraître marcher vers le nord. La conséquence qui se déduisait naturellement de ce fait, était que la terre ne décrivait point l'écliptique, et qu'au moment des observations elle avait une rétragradation vers le nord, qui donnait lieu à une rétrogradation apparente de l'étoile vers le sud. Au lieu de songer à cette explication si simple, Bradley en chercha une dans la

vitesse de la lumière que Roëmer avait déduite des mouvements des satellites de Jupiter, qu'il ne comprenait pas, et de l'hypothèse que la terre décrivait l'écliptique en un an. Partant de ces deux fausses hypothèses, Bradley donna une théorie qui parut d'autant plus admirable que personne ne la comprenait et ne se donnait la peine d'en construire l'épure, qui eût prouvé clairement que la théorie de Bradley n'explique absolument rien ; tandis que les rétrogradations de la terre prouvées par l'attraction lunaire expliquent tout sans l'intervention de l'aberration.

352. Telle est la vérité que j'ai d'abord mise en évidence, en montrant que la prétendue aberration de la lumière, au lieu de prouver le mouvement de la terre sur l'écliptique, prouvait au contraire que la terre décrit des épicycloïdes ainsi que les autres planètes. J'aurais pu m'en tenir là ; mais l'importance du sujet m'a déterminé à faire l'examen raisonné du chapitre que M. Biot a consacré à ce sujet dans le tome III de son *Traité d'astronomie physique*. J'ai cité textuellement la théorie présentée par M. Biot, qui repose sur la théorie de l'émission de la lumière, dont Euler a parfaitement démontré l'absurdité dans ses *Lettres à une princesse d'Allemagne* dont j'ai rapporté quelques passages dans une note, dont le contenu est renforcé par M. Biot lui-même, qui cite des observations faites par M. Arago contraires à la théorie de Newton, à la suite desquelles il arrive à cet aveu remarquable :

Ces considérations et beaucoup d'autres prouvent que nos connaissances sur la nature de la lumière sont encore fort imparfaites.

353. En résumé, la théorie de l'aberration se réduit à la construction de *parallélogrammes de vitesses, dont une des composantes est la vitesse de molécules qu'Euler déclare ne pas exister, ne pouvoir exister, et dont l'ad-*

mission par *Newton l'a jeté dans de telles contradictions, que ses deux systèmes, l'émanation de la lumière et le vide des cieux, sont renversés l'un par l'autre.* Les autres composantes sont : *la vitesse de translation des étoiles que l'on ne connaît pas, et la vitesse de translation de la terre également inconnue,* ou plutôt *qui est faussée,* puisqu'on suppose à la terre la vitesse du soleil de 415 lieues par minute, tandis qu'elle n'est que d'environ 7 lieues.

354. Ces compositions de vitesses, avec des éléments si bizarres, ont pour objet d'*arriver à la connaissance de la direction d'impressions sur notre œil, de la lumière, dont M. Biot avoue que la nature et le mode d'action nous sont inconnus.*

C'est avec ces éléments si étranges qu'on a eu la prétention de transformer en preuve mathématique la métaphysique la plus obscure sur des objets inconnus. Et pour combler la mesure, on a fait ce qu'on appelle un cercle vicieux : *on a commencé par poser en principe que la terre se meut sur l'écliptique en un an,* puis, après avoir raisonné sur une aberration imaginaire, pour expliquer des phénomènes mal étudiés, dont on ne comprenait pas la cause, *on a conclu que les mouvements apparents des étoiles prouvaient le mouvement de la terre sur l'écliptique,* tandis qu'ils prouvent absolument le contraire, etc. (n°s 248 à 299).

355. Voilà, en abrégé, les principales questions qui ont été traitées, discutées et résolues dans le petit nombre de pages qui composent cet ouvrage. Qu'on le compare avec les ouvrages les plus estimés et les plus volumineux des auteurs les plus célèbres, des astronomes et des mathématiciens les plus renommés, et qu'on prononce lequel est le plus substantiel, lequel met en évidence le plus grand nombre de vérités importantes ; ce n'est pas à moi de pro-

noncer ce jugement. Je dois me borner à dire qu'en composant cet ouvrage, j'ai eu constamment en vue les convenances du lecteur; j'ai voulu ménager son temps et ses peines; j'ai tâché d'être clair et concis; je me suis souvenu que trop de prose entraîne trop d'ennui, que les idées trop délayées finissent par devenir imperceptibles; je me suis souvenu enfin que :

> Les délicats font grande chère,
> Quand on leur sert, dans un repas,
> De grand vin dans un petit verre,
> De grands mets dans de petits plats.

En invitant mes lecteurs au festin de la science, j'ai tâché de leur servir en peu de mots de belles, bonnes, grandes et nobles idées : ai-je réussi ? La suite nous l'apprendra, et déterminera la nature des suppléments que j'y joindrai et le moment où je les mettrai au jour.

FIN.

nombre en présentant, je dois en bonne à dire qu'en composant cet ouvrage, j'ai eu constamment en vue les connaissances du bonheur. J'ai voulu attacher son temps et ses
poésies; j'ai précisé d'une clair, et comes; je me suis souvent que trop de prose entraîne trop d'ennui, que les
idées trop déliées baissent par devenir imperceptibles;
Je me suis souvenu cela que :

Les délices font grande chère,
Quand on leur sert dans un repas,
De grand vin dans un petit verre,
De grands morceaux de petit plats.

En invitant nos lecteurs à la Revue de la science, j'ai
tâché de leur servir un jeu de main de belles, bonnes,
grandes et nobles idées : et je réussi ? La suite nous l'apprendra, et désormais les suppléments que
j'y rédige et je conduit et j'y les mettrai au jour.

FIN.

TABLE DES MATIÈRES.

10

Pl. I.

Fig. 1 et 2. Relatives à la cause physique de la pesanteur, et de la gravitation
universelle. Voir les Chap. I et II. Page 6 à 16.
Fig. 3 et 3 bis. Relatives à la réfutation de la preuve de la translation de la terre,
sur l'écliptique, donnée par Lalande. Voir le Chap. VI. Page 33.

Fig. 2.

Fig. 3.

Fig. 3 bis

Fig. 1.

Imp.te Bertault Rue Dauphine. à Paris.

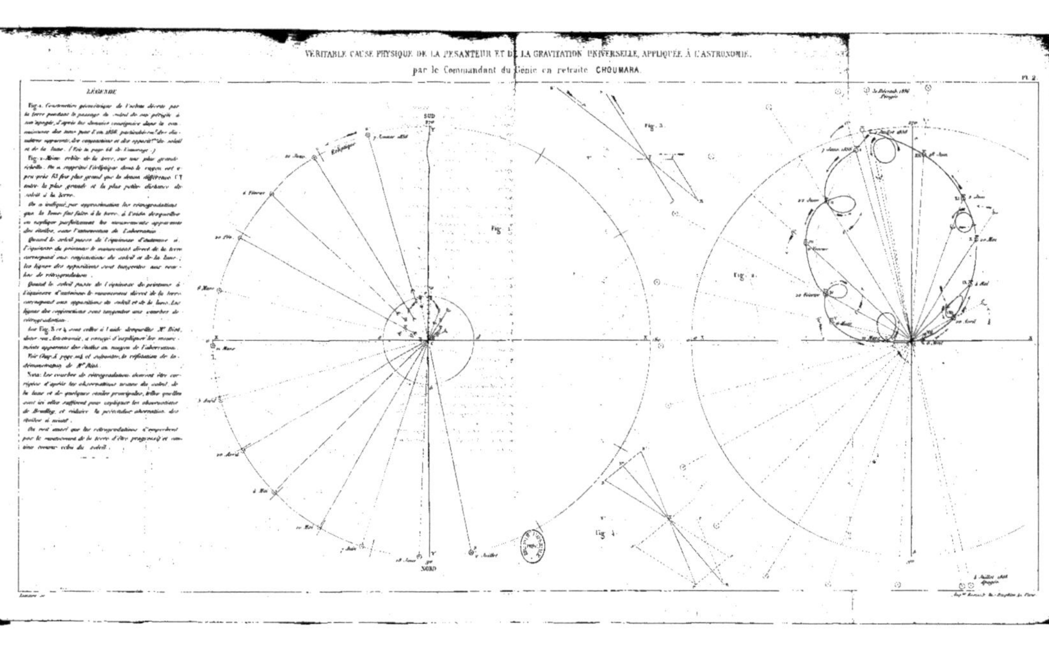